U0346979

French Cooking

法国经典料理轻松做

厨房里的美味"法则"

[日] 川上文代　著　方宓　译

华中科技大学出版社
http://www.hustp.com
中国·武汉

有书至美
BOOK & BEAUTY

前言

提到法国料理，您的脑海中会浮现出哪些关键词？是"豪华""讲究""美食"，还是"复杂""刻板"？高级餐厅里才能吃到法国料理，这是人们的共识，但在不少咖啡厅、小酒馆、啤酒餐厅也可以轻松享受法国菜。虽然法国料理号称世界上最高级的菜系，对烹调技巧有很高要求，但若对其中的窍门略知一二，在自己家中也可以尝试烹调。

本书介绍了五十种法国菜，其中包括：肉冻、慕斯等前菜，以红酒炖牛肉、烩鸡肉为代表的肉类料理，以酥皮烤三文鱼、龙虾搭配美式酱汁为代表的鱼类料理，以及包括维希奶油浓汤、法式浓汤在内的汤类料理等。

书中通过图片展示和信息栏说明的方式，从温情的家常菜到荣登餐厅的豪华菜肴，向您做了详尽的介绍。对失败案例、烹饪窍门及要点也有图文并茂的解说，您不妨在仔细阅读之后，从自己感兴趣的那道菜品

入手尝试烹饪乐趣。除了菜品，书中也记述了烹调时间、烹调器具，便于您根据家中的厨具及器具加以尝试。请相信，完成一道精美的菜肴，比您想象的更简单。

　　给人以繁复之感的法国料理，只需对其配菜或酱汁稍加变化，也许就能成就一道自创的菜品。希望您在本书的启发下多加尝试，并开发出引以为豪的拿手菜。祝您好胃口！

　　　　　　　　　　　　　　　　　　　　　川上文代

目 录

目 录

第4章
主菜中的鱼类料理

第5章

汤

本书使用说明

- 本书菜谱中量杯的分量仅供参考，您可以根据食材的情况来调整。
- 本书菜谱中的烹调时间仅供参考，请您根据食材的情况、当地的气候适当调整。
- 难度以"★"表示，★表示难，★★表示较难，★★★表示最难。
- 本书中标注的㊟是制作料理的要点，㊟是准备工作。
- 本书材料表中的计量换算规则为：1 杯 =200 毫升、1 大勺 =15 毫升、1 小勺 =5 毫升。
- 烹煮食材时所添加的水，以及预处理时所使用的调料，一般都不在本书的材料列表中，而需要您另行准备。
- 材料中如注明"固体汤料"，请您将购买固体汤料溶化后使用。使用时，请参考商品包装上注明的分量。
- 使用烤箱之前，请先预热 10 ~ 15 分钟。
- 菜谱图片中所使用的材料分量可能大于材料列表中注明的量，请您根据食材的分量来调整。

参与本书制作的人员

摄影　永山弘子

设计　中村 TAMAWO

插图　古贺重范

编辑／制作　baboon 株式会社

第 1 章

法国料理的基础知识

看法国地图，识各地料理

法国领土大致可分九大地区，让我们在地图上认识一下

布列塔尼大区（→第86页）

曾经贫瘠的土地上诞生的美食——可丽饼

该区位于法国西部边缘地区，面朝大西洋，是最先使用荞麦粉制作可丽饼的地方。产自该大区南海岸盐田的盐也很有名。

诺曼底大区（→第124页）

牧草与苹果树林绵延的田园地带

该区温暖多雨，以繁荣的奶酪畜牧业而闻名。

香槟大区（→第138页）

独一无二的著名香槟产区

该区是众所周知的著名香槟产区，饮食习惯受与之毗邻的比利时的影响很大，当地料理中也有不少使用香槟。

西南部（→第82页）

荟萃丰富食材，地方特色浓郁

这一片广阔地域位于法国南部，曾经位于西南部的旧巴斯克地区，特产是生火腿、盐腌制品及香肠。

加来海峡

英吉利海峡

瑟堡

鲁昂瓷

北加来海峡

皮卡第

香槟大区

上诺曼底

诺曼底大区

法兰西岛

下诺曼底

巴黎大区

阿尔萨斯-洛林大区

南锡　斯特拉斯堡

香槟-阿登大区

洛林　阿尔萨斯

布雷斯特

布列塔尼

布列塔尼大区

奥尔良

勃艮第

弗朗什-孔泰

卢瓦尔河地区

中央大区

第戎

南特

奥弗涅、利穆赞地区

勃艮第大区

大西洋

普瓦图-夏朗德大区

利穆赞

利摩日

里昂

奥弗涅

罗讷-阿尔卑斯

波尔多

西南部

普罗旺斯大区

阿基坦

蔚蓝海岸地区

南部-比利牛斯大区

尼斯

巴约那

图卢兹

马赛

朗格多克-鲁西永

地中海

变化无穷的法国料理

在历史的每一个时代中，法国都稳坐饮食文化的头把交椅。大量具有地方特色食材的使用，令法国料理个性独具。那么，是什么魅惑着全世界食客的味蕾呢？您一定有兴趣跟着我们一探究竟。

多姿多彩的法国料理中，蕴含着各地区的特色

法国濒临四大海域，农业和奶酪畜牧业发达。法国料理选用种类丰富的食材，蕴含着浓厚的地方特色，这也正是其魅力所在。

法国领土大体上可划分为九大地区，每个地区的料理都有着鲜明的特色。诺曼底大区、布列塔尼大区等大西洋沿岸地区可大量捕获海产品，因此海鲜料理遍地开花。而以普罗旺斯大区为首的地区位于法国南部，气候温暖，适宜种植番茄、西葫芦等蔬菜……每个大区都会使用本地的特产来制作料理。

除此之外，受毗邻国度饮食文化影响的地区也不在少数。比如阿尔萨斯大区受德国影响较明显，而英国则影响着布列塔尼大区的饮食。法国曾经的殖民地也在不少地区留下了自己的饮食文化。

阿尔萨斯-洛林大区（→第90页）

深受德国文化影响的地区

洛林位于法国东北部，毗邻德国，与之有很深的历史渊源。以猪肉、猪肉加工食品、酱鹅肝的产地而享誉盛名。

勃艮第大区（→第66页）

适宜葡萄种植，盛产葡萄酒之地

此地盛产葡萄，是世界上为数不多的葡萄酒生产地。当地的佳肴红酒炖牛肉（→第133页）即使用出产于此的葡萄酒。

普罗旺斯大区（→第208页）

科西嘉岛

被阳光海水恩宠的土地

此地面朝地中海，气候温暖，自然资源丰富。用鲜鱼、番茄做成的马赛鱼汤（→第205页）十分有名。

烹饪法国料理的基本用具

烹调法国料理时，有不少细致的操作。细致程度不同，所选择的器具自然也不尽相同。只有了解它们的作用，方能用得准确、到位。

大器具篇

烹饪的主要器具当属各种锅，而根据其原材料，如铜、铁、铝等，应采用不同的保养方法。

1
珐琅铸铁锅

这是一款适合炖煮料理（→第74页）的双柄锅。沉重紧实的锅盖可有效避免蒸汽外漏。

2
条纹煎锅

锅底带有数道条纹，形成凹槽，多余的油分和水分可流进凹槽，而且还可以在煎烤的食物表面形成网格花纹。

3
炖锅

此款高身的单手柄锅有各种大小，但直径在20厘米的较好用。

4
平底不粘锅

含氟树脂加工令不粘锅表面不易烧焦，只需少量油分即可烹调，因此广泛应用于煎、炒料理。

5
蒸锅

蒸锅是将锅中的水烧热，利用水蒸气来加热食材。为避免水滴落入食物中，一般会在锅盖内侧罩一条毛巾。

6
平底煎锅

比炖锅稍浅，但锅口较宽，是一款便于煎制（→第196页）料理的单手柄锅。建议选择直径在20厘米的尺寸。

便利器具

当厨房中配备了称手的器具，就可以缩短烹调时间，
并且利用这些器具将料理做得更加精细。正确和有效地使用它们，
能够有效地提高烹调效率和手艺。

1
高压锅
使用高压锅可以在提高沸点的
条件下烹煮食物，因此可以将
烹调时间缩短1/3。

2
过滤器
用于过滤材料，或给粉状食材
过筛。过滤网的材质有尼龙和
金属。

3
搅拌机
用于搅碎材料，适合用来搅拌
酱汁、沙拉汁等液体。

4 肉锤 **7** 刮鳞器
使用肉锤可以将肉锤出理想的
厚度，令肉质更加软嫩。刮鳞
器则可以轻松刮去鱼鳞。

5
蔬菜研磨机
也叫作蔬菜过滤器或蔬菜搅拌
器。通过转动上部的手柄来进
行研磨，便于过滤番茄子。

6
食物处理机
用来搅拌材料，在烹制法国料
理时，一般用来制作泥状食品
或慕斯。

小器具篇

切、拌、捞是烹饪的基本操作，而趁手的小器具则可帮助
我们高效地完成这些操作，是厨房中的重要角色。

A
厨房剪刀
也叫作万能剪刀，是厨房中小巧灵活的器具。可用其轻松剪断鱼鳍或贝壳类食材的外壳。

B
厚刃刀
适于砍断或切开鱼头，因刀刃较厚，也可用于处理鸡肉或其他较硬的部位。

C
牛刀
又名"切肉刀"，除了切肉，也可用于切鱼及蔬菜。是一款适于处理所有食材的刀具。

D
小切刀
适用于对小体积食材进行刮圆、雕刻等精细操作。

E
面包刀
刀刃上带有波形锯齿，适合切面包、蛋糕、土豆等质地脆或软的食材。

F
木刮勺
用于翻炒或混合搅拌食材，因其表面光滑平整，过滤时也很方便。

A
夹具
在夹取烫手的食材或将料理盛盘时使用，也可以用来为面条拌上酱汁。

B
打发器
用来将鸡蛋或鲜奶油打发出丰富的泡沫，打发头上的金属条弧度较小的，适合于搅拌酱汁。

C
汤勺
有圆口型和扁口型等设计，一般用来撇去浮沫，或注入汤汁。使用扁口汤勺便于注入用量精准的液体，且不易滴漏。

D
煎铲
使用煎铲可以将鱼块、肉块翻面。如食材面积较大，可与刮勺合用将其翻面。

E
橡胶刮勺
橡胶材质的刮勺，用于混合、搅拌或收拢食材。经过耐热处理的橡胶刮勺，在炒、烤制料理时使用都很安全。

A
烘焙模具
模具分圆形、椭圆形、鸡蛋形等，可以利用它将料理做出各种造型。直径6厘米左右的圆形模具较为趁手。

B
布丁模具
用于将慕斯等作出布丁造型。装入材料之前可在模具内壁涂一层黄油，以便取出。

C
温度计
用来测量液体或食材的温度。有些温度计当达到预设温度时，还会发出报警声。

D
烘焙刨
将奶酪或柠檬皮在烘焙刨的凹凸面上刨成丝，也有刨盒型。

E
刮片
直的部分用来分切材料，弯的部分用来收拢面团等材料。刮片还可以用来将食材转移到不同的地方。

F
漏斗
圆锥形，用来过滤酱汁、汤汁、高汤等。可以迅速地将汤料与汤汁分离。

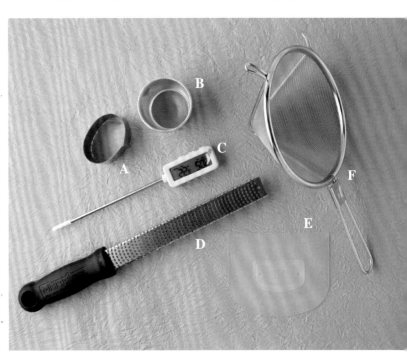

法国料理的基础调味料

让我们且放下对法国料理烹制难度的猜测，先到餐馆中去侦查一番吧。烹制法国料理常用的调味料，似乎总不外乎盐、油等家常之物。

首先要准备的调味料

在烹制法国料理常用的油中，既有从植物果实中提取的橄榄油、葡萄籽油，也有从坚果（如开心果）中提取的油。而用猪背部和肾脏周围脂肪炼成的猪油，则主要用于烹煮肉类料理，属于动物油。

油

油是一种不溶于水的物质，法语中写作"huile"。如果长时间暴露在空气中，油会发生氧化反应，导致变色、变味等。因此，必须将油装在密封容器中进行保存。

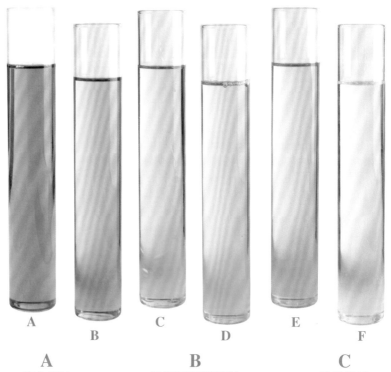

A　B　C　D　E　F

A
开心果油
提取自开心果，略呈深绿色，香气高雅，非常适合用来烹调贝壳类和鱼类料理。

B
特级初榨橄榄油
是最高品质的橄榄油，多用于调制沙拉汁，或为菜品润色。

C
纯橄榄油
本书所出现的"橄榄油"均指纯橄榄油。适合与特级初榨橄榄油、精炼橄榄油混合，加热烹调。

D
花生油
从花生中提取，耐高温，适合煎、炒料理，是一种万能油品。使用法国出产的花生制造的花生油不带异味，因此适合用来烹制所有食材。

E
葡萄籽油
用葡萄干压榨而成的油，一般在酿制白葡萄酒时提取。在植物油中，属于较稀有的品种。其色泽清澈，味道清淡，适合用来腌泡食材。

F
色拉油
使用玉米油、菜籽油等精炼而成，品控非常严格。

常用于烹制料理的三种酒

　　酿造酒（如葡萄酒）取用植物果实或谷物，经过发酵而成，酒精度数很低，适用于炖菜或酱汁制作。而原料本身含有酒精成分的蒸馏酒，其酒精度数较高，因此可以用来掩盖食材的腥膻味。利口酒以蒸馏酒为基酒，与各种香料配制而成，非常适合制作点心或甜品。

酒

　　除了直接饮用，酒还可以用来烹制料理。酒类大体可分酿造酒、蒸馏酒、利口酒，烹调法国料理时可以根据实际情况选择使用。酒可以提味，提香，赋予料理更深层的口感。

I

苹果白兰地

这是诺曼底大区北部酿制的一种水果白兰地。有的仅使用苹果，有的则使用苹果与洋梨混合蒸馏而成。

H

苦艾酒

此酒使用香草或其他香料来增加香味，既有甜口型，也有辣口型。在法国主要生产辣苦艾酒。

G

白葡萄酒

此酒以白葡萄汁发酵而成，口味清淡，颜色清浅。可以添加在鱼高汤（→第192页）或鱼类料理中。

F

苹果酒

这是一种用苹果发酵而成的起泡酒，盛产于布列塔尼大区、诺曼底大区。酒精度数低，适合直接饮用。

E

马德拉酒

葡萄牙属地——马德拉岛上出产的葡萄酒，是一种香味浓烈，口味丰富浓郁的甜酒。适合烹制肉类料理或制作酱汁。

A

红葡萄酒

属于酿造酒，以黑葡萄或红葡萄为原料，带皮发酵而成。带有独特的涩味，颜色从浅红到红棕色，多种多样。

B

金万利

橙味利口酒，将橙皮与利口酒装在酒桶中酿熟而成。因其耐热的特点，即使经过高温烹煮，也会在料理中留下其独特香味。

C

查特酒

这是以白兰地为基底酒，加入香草蒸馏而成的利口酒，在对点心加以"浇酒点燃"，或为鸡尾酒调制特殊风味时使用。

D

波尔图酒

产于葡萄牙波尔图港，是一种甜酒。在酿造过程中加入白兰地以终止其发酵的方法颇为独特。

欧洲人主要食用葡萄酒醋

在日本人的概念中，酿醋的原料不外乎粮食。而在欧洲，人们则大多使用葡萄来酿醋。法国料理中也常使用意大利巴萨米克醋，其中酿熟时间超过12年，且不含任何添加物的称为意大利香醋，仅30毫升便标价超过一万日元，是十分昂贵的调味料。

醋

醋的作用是在料理中添加酸味。如果使用的是葡萄酒醋，可将其煮至酒精完全挥发后，再加入酱汁中，或加入沙拉汁中以增添酸味。醋的用处非常多，特别是具有衬托料理味道的作用。

A   B   C   D   E   F

A
白酒醋

在白葡萄酒中加入醋酸发酵而成，口味清爽。因其本身为无色，可适用于任何料理。蛋黄酱等基础酱汁中，也常使用白酒醋调味。

B
红酒醋

醋液呈深红色，香味比白酒醋更浓。添加在炖煮料理中，可令其风味更加醇厚。无花果酱或其他颜色、味道厚重的酱汁中如添加红酒醋，可令味蕾包裹在浓郁的酸味之中。

C
覆盆子醋

这是将覆盆子腌渍、发酵而成的香醋，带有水果般的甜酸味。有时也可与红酒醋混合使用。用其制作的油醋汁，还可为食材染上些许红色。

D
雪莉醋

雪莉醋以雪莉酒为原料，所需的发酵时间比红酒醋更长，酸味十分柔和。将雪莉醋淋在香煎小牛肝上或做成沙拉汁，都可令食客享受到十足风味。

E
苹果醋

以产自诺曼底大区、布列塔尼大区的苹果酿造的苹果酒为原料。因是由起泡酒发酵而成，苹果醋的味道相当清淡，酸味较浅。

F
巴萨米克醋

这是意大利的特产。将特雷比亚诺品种的白葡萄榨成汁，加入醋酸进行发酵而成。呈现美丽的棕色，酸味沉稳，略带甘甜。

化平庸为神奇的魔法颗粒

　　盐有许多作用，可以用来为料理成品调味。在余烫蔬菜时加盐，可令蔬菜不变色。将盐揉搓在食材上，还可以去除多余的水分。

　　法国的盐有大颗粒的粗盐和小颗粒的精盐之分。精盐用于食材调味，粗盐则用于水煮工序，炖煮料理或汤品等溶于水的料理。

盐

　　盐是法国料理的基础调味料之一，可分成取自岩盐层的岩盐以及取自海水的海盐。法国面朝大西洋与地中海，因此可以获取到大量的海盐。而日本因境内没有岩盐层，基本上也都开采海盐。

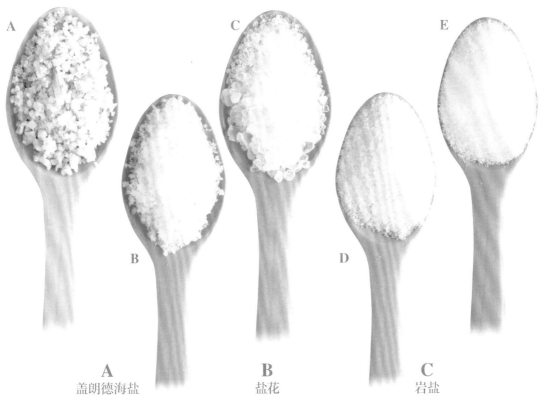

A
盖朗德海盐
此盐取自布列塔尼大区的盐田。采用传统手法，将海水在太阳下自然干燥而得，无任何添加物。其特点是颗粒粗，带有彩色。

B
盐花
盐田中，浮在海水表面上薄薄的那层盐的结晶叫作盐花。它色泽纯白，保留着盐原始、细腻的美味，且口感脆嫩。

C
岩盐
颗粒粗，略带硫磺的香味与风味，余烫蔬菜或腌制料理时使用。粉色与黑色的岩盐都是市场上的宠儿。

D
喜玛拉雅岩盐
采自海拔3000米的喜马拉雅山脉，略带橙色，富含钙，镁等矿物质。

E
精盐
精盐是日本人餐桌上常备的调味料。近年来已经利用离子交换膜技术生产精盐，如此便不受海洋污染及气候变化等影响，可保证大批量产盐。

法国料理的基础高汤

本节将向您介绍法国料理中，均取材于平常食物的各类高汤。在日常生活中，您是否对肉汤、小牛高汤等名词耳熟能详？

料理之魂——肉汤与小牛高汤

肉汤与小牛高汤是法国料理中绝不可少的汤汁。

肉汤主要用来做底汤，有的是用牛肉、鸡肉配合多种食材煮制而成，也有单纯使用蔬菜熬制的高汤，称为蔬菜高汤。

而小牛高汤则主要作为酱汁的底汤来使用，这是将烤过的肉和骨头翻炒之后再炖煮出的茶色汤汁。制作鱼高汤时，是将食材直接水煮，或稍加翻炒之后再熬煮成雪白的汤汁。

无论哪一种高汤，都要根据料理中的主要食材来加以使用。比如，烹制红酒炖牛肉应选择小牛高汤，烩金枪鱼则最好选择鱼高汤。

熬制美味高汤的五大法则

要想做出美味料理，先决条件是您必须熬出美味高汤。熬制高汤的要诀都一样，您不妨动手一试。

1 使用新鲜的材料

如果要一次性熬制高汤以备不时之需，便需要根据保存日期，选择新鲜的鱼、肉等材料。

2 注意火候

材料应慢火细熬，将美味精髓全部析出在汤汁中。应保持微微沸腾，而非急剧沸腾的状态。

3 不时将汤面浮沫撇去

熬煮高汤时，鱼、肉血中所含的蛋白质会被析出，浮在汤面上。如不及时将其撇去，汤汁会变得十分浑浊，且带有腥膻味。

4 不盖锅盖

熬制汤汁时如盖着锅盖，浮沫会混入汤汁，掩盖香味。高身锅适合煮肉汤，广口锅适合煮鱼汤。

5 充分冷却

做好的汤汁应尽快冷却，装入密封容器中，待其完全冷却之后，放入冰箱或冷柜中保存。

代表性高汤分类表

本节将法国料理中使用的高汤进行了分类，
您可以根据实际情况加以参考。

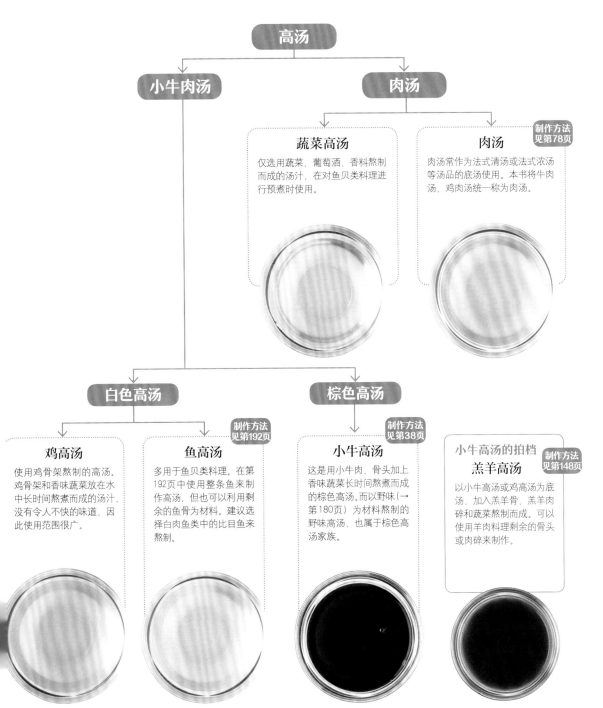

高汤

小牛肉汤　　肉汤

蔬菜高汤

仅选用蔬菜、葡萄酒、香料熬制
而成的汤汁，在对鱼贝类料理进
行预煮时使用。

肉汤
**制作方法
见第78页**

肉汤常作为法式清汤或法式浓汤
等汤品的底汤使用。本书将牛肉
汤、鸡肉汤统一称为肉汤。

白色高汤　　棕色高汤

鸡高汤

使用鸡骨架熬制的高汤。
鸡骨架和香味蔬菜放在水
中长时间熬煮而成的汤汁，
没有令人不快的味道，因
此使用范围很广。

鱼高汤
**制作方法
见第192页**

多用于鱼贝类料理。在第
192页中使用整条鱼来制
作高汤，但也可以利用剩
余的鱼骨为材料。建议选
择白肉鱼类中的比目鱼来
熬制。

小牛高汤
**制作方法
见第38页**

这是用小牛肉、骨头加上
香味蔬菜长时间熬煮而成
的棕色高汤。而以野味(→
第180页)为材料熬制的
野味高汤，也属于棕色高
汤家族。

小牛高汤的拍档
羔羊高汤
**制作方法
见第148页**

以小牛高汤或鸡高汤为底
汤，加入羔羊骨、羔羊肉
碎和蔬菜熬制而成。可以
使用羊肉料理剩余的骨头
或肉碎来制作。

法国料理基础酱汁制作方法

酱汁决定着料理美味与否的说法并不为过。法国料理在摆盘时，也必须使用酱汁装点。

油醋汁
制作简单、口味清淡

材料
黄芥末酱……1大勺
白酒醋……40毫升
盐、胡椒……各适量
色拉油……120毫升

制作方法

1 将黄芥末酱、白酒醋、1小撮盐、少许胡椒放入碗中，用打蛋器混合搅拌。

2 加入色拉油，注意油应从高处像一条细线般渐次加入。仔细搅拌所有材料，令其发生乳化。

3 当所有材料混合搅拌均匀之后，如需加重味道，可再调入适量的盐和胡椒。

蛋黄酱汁
色拉油应渐次滴入

材料
蛋黄……1个
黄芥末酱……1大勺
白酒醋……2小勺
盐、胡椒……各适量
色拉油……100毫升

制作方法

将常温鸡蛋打入碗中，加入黄芥末酱、1小撮盐、少许胡椒、1/3量的白酒醋，混合搅拌所有材料。

1

加入色拉油，注意油应从高处像一条细线般渐次加入。仔细搅拌所有材料，令其发生乳化。

2

当使用打蛋器可以将碗中材料掬起时，倒入剩余的白酒醋、盐、胡椒以调味。

3

22

以黄油、鸡蛋、番茄制作热酱汁

传统热酱汁使用大量的黄油、鸡蛋，
番茄亦是酱汁材料中的生力军

番茄酱汁	法式伯那西酱汁	荷兰酱汁
也可变身为意面酱	酱料中略带香草风味	此款荷兰风味的酱汁中 加入了澄清黄油

番茄酱汁

材料
水煮番茄（整个）……800克
洋葱……1/4个（50克）
A ┌ 大蒜……1/2瓣
  └ 橄榄油……2大勺
盐、胡椒……各适量

制作方法

切成末。

水煮番茄去皮，压成泥，过滤。洋葱、大蒜压成泥，在筛网上碾番茄酱。

在平底锅中加热材料A，放入洋葱末翻炒，待炒软之后放入番茄酱。

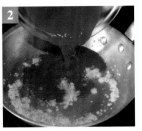

撒入1小撮盐，轻轻搅拌混合，煮成原来2/3的量。少许胡椒，

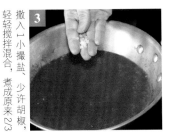

法式伯那西酱汁

材料
A ┌ 红葱头（切碎）……30克
  │ 龙蒿醋……1小勺
  └ 水……1杯
蛋黄……2个、黄油……100克
香草末（欧芹、莳萝）……1大勺
盐、胡椒……各适量

制作方法

锅中放入材料A，开小火煮成30毫升的量，倒入碗中。

加入蛋黄，隔着80～90℃的热水，在碗中打发。制作澄清黄油（→第188页）。

用漏勺过滤，加入澄清黄油、香草、1小撮盐，以及少许胡椒以调味。

荷兰酱汁

材料
黄油……140克
A ┌ 蛋黄……2个
  └ 水……3大勺
B ┌ 柠檬汁……适量
  └ 盐……1小撮　胡椒……少许

制作方法

制作澄清黄油（→第188页）。在另一个碗中放入材料A并混合搅拌。

将材料A隔着80～90℃的热水，加热并打发碗中的蛋黄，直至呈现黏稠状。

将打发后材料A隔着50℃的热水，将40℃的澄清黄油一点点加入，同时加以搅拌。最后用材料B调味。

以奶酪面粉糊为材料制作热酱汁

用黄油将面粉炒成奶酪面粉糊，将酱汁调出稠度。
奶酪面粉糊做法详见第94页。

白高汤酱汁
口感柔和的酱汁

材料

肉汤……400毫升（→第78页）
盐、胡椒……各适量

奶酪面粉糊的材料

面粉（过筛）……10克
黄油……10克

制作方法

1 制作奶酪面粉糊（→第94页）。在另一个锅中将肉汤煮成原量的一半。一点点加入面粉糊，同时用打蛋器混合搅拌均匀。

2 当搅拌到一定稠度后，加入1小撮盐、少许胡椒以调味。最后用漏勺过滤。

白酱汁
也称为白色酱汁

材料

牛奶……200毫升
肉豆蔻……少许
盐、胡椒……各适量

奶酪面粉糊的材料

低筋面粉（过筛）……20克
黄油……20克

制作方法

1 制作奶酪面粉糊（→第94页）。关火令牛奶冷却，然后全部倒入，用刮勺将粘在锅壁的面粉糊刮干净。然后边加热边用打蛋器将锅中材料搅拌均匀。

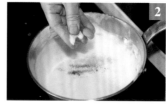

2 用刮勺将粘在锅壁的酱汁刮下，再次开火加热。当面粉糊完全融化之后，加入肉豆蔻、1小撮盐、少许胡椒以调味。

多蜜酱汁
在日本也很常见

材料

培根（切成2厘米块状）……80克 牛小腿肉（切成3厘米块状）……300克 香味蔬菜（洋葱、胡萝卜、芹菜均切成2厘米块状）……150克 大蒜……1瓣 红酒……100毫升 熟透的番茄或水煮整番茄……150克 肉汤……2升 百里香……2根 月桂叶……1片 色拉油……1小勺 黄油……5克 盐……1/4小勺 胡椒……少许

棕色面粉糊的材料

低筋面粉（过筛）……12克
黄油……12克

制作方法

1 加热色拉油和黄油，倒入培根、牛小腿肉、香味蔬菜翻炒。倒出多余的油分后，加入红葡萄酒，将锅底的精华翻到面上来。

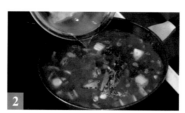

2 加入胡萝卜、番茄、肉汤、百里香、月桂叶。在普通锅中煮2个小时，其间需不时添水。如使用高压锅只需煮30分钟。

3 制作棕色面粉糊（→第94页）。加入步骤②的材料，重新加热，用打蛋器加以混合，调入盐、胡椒，倒入漏勺中过滤。

具有代表性的热酱汁

以下热酱汁适用于肉类、鱼类、贝壳类料理。

A
白葡萄酒酱汁
以鲜奶油、鱼高汤和白葡萄酒煮成的酱汁，口味柔和。常用于蒸、煮鱼贝类料理。

B
马德拉酱汁
以马德拉酒、红葱头、小牛高汤煮制而成的酱汁，非常适合牛里脊肉、小牛肉做成的料理。与松露、鹅肝的搭配度也很高。

C
美式酱汁
以鱼贝类为材料制成的酱汁，适合搭配鱼贝类料理。因是将炒香的龙虾或小型螃蟹壳与番茄混合而成，所以酱汁呈红色。

D
波尔图酒酱汁
波尔图酒是产自葡萄牙的葡萄酒，此款酱汁以波尔图酒、红葱头、小牛高汤熬制而成。波尔图酒的香味令鱼、肉的风味更加丰富。

E
白黄油酱汁
这是用大量优质黄油制作而成的酱汁，其中添加了香草和蔬菜，作为鱼贝类料理的酱汁使用。

F
红葡萄酒酱汁
这是以红葡萄酒、红葱头、小牛肉高汤制成的酱汁，非常适合搭配烤肉。如果对酱汁的卖相有所讲究，建议使用颜色较深的红葡萄酒。

法国料理基础配菜制作方法

本节将为您介绍绿色、黄色、桔色等十五种丰富多彩的配菜。

在法语中，配菜一词写作『garniture』，意为装饰。

蔬菜杂烩

材料（2人份）

番茄……1个（120克）	大蒜……1/4瓣
红甜椒……1/4个（40克）	番茄酱……1/2大勺
黄甜椒……1/4个（40克）	肉汤……2大勺（→第78页）
西葫芦……1/4根（40克）	橄榄油……2大勺
洋葱……1/4个（50克）	盐、胡椒……各适量
茄子……1/4根（20克）	

制作方法

①番茄用热水氽烫去皮，切成1.5厘米的番茄块。将红甜椒、黄甜椒、西葫芦、洋葱、茄子分别切成1.5厘米的小块。茄子泡在水中去除涩味。

②锅中倒入1大勺橄榄油，将大蒜去皮，放在砧板上拍扁后放入橄榄油中加热，待爆出蒜香之后，放入红甜椒、黄甜椒、洋葱仔细翻炒，盛出备用。

③加热剩余的橄榄油，放入西葫芦、茄子仔细翻炒直至变色，然后加入步骤②的材料。

④锅中放入番茄酱、肉汤、1小撮盐、少许胡椒盖上锅盖，改小火，将锅中蔬菜煮软。在盘子中央放置一个模具，将锅中材料倒入模具中，再将模具向上取走。

芦笋配荷兰酱汁

材料（2人份）

芦笋……6根	水……1大勺
黄油……100克	柠檬汁……少许
蛋黄……1个	盐、胡椒……各适量
白葡萄酒……2小勺	

制作方法

①刮去一层薄薄的芦笋皮，加盐焯水。制作澄清黄油（→第188页）。

②碗中放入蛋黄、白葡萄酒、水，隔着80～90℃的热水打发。

③充分加热蛋黄，待呈现黏稠状之后，将碗从热水上移开，待余热冷却。

④将40℃的澄清黄油呈滴漏状注入碗中，同时加以混合搅拌。再加入柠檬汁、1小撮盐、少许胡椒以调味。最后将芦笋对半切断，将步骤④制作的酱汁浇在芦笋上。

糖渍胡萝卜

材料（2人份）
胡萝卜……1/2根（75 黄油……1大勺
克）   盐、胡椒……各适量
砂糖……1大勺
水……适量

制作方法
❶将胡萝卜刮皮后，切成8条，并将棱角削圆。
❷锅中放入黄油、胡萝卜、砂糖、1小撮盐、少许胡椒。倒入水至没过锅中材料并加热。
❸胡萝卜煮片刻之后捞出，锅中的水继续熬成汤汁。将胡萝卜重新倒回锅中，至表面煮出光泽，锅中汤汁收干。还可以用香芹装饰成品。

烤土豆泥

材料（4人份）
土豆……250克
牛奶……约50毫升
鲜奶油……20毫升
肉豆蔻……少许
蛋黄……1个
黄油……15克
盐、胡椒……各适量

制作方法
❶土豆水煮之后过滤。
❷土豆过滤之后放入锅中，再放入牛奶、鲜奶油、肉豆蔻、黄油、1小撮盐、少许胡椒并加热。
❸混合搅拌均匀之后关火，加入蛋黄，继续搅拌并冷却。
❹将材料③装入裱花袋，在烤盘上铺一张厨房纸巾，将裱花袋中的材料挤在其上，放入预热至250℃的烤箱，烤至表面呈褐色时取出。

红酒无花果

材料（4人份）
半干型无花果……4个
红葡萄酒……100毫升
蜂蜜……1大勺
肉桂……1/2根
香草枝……1/2根

制作方法
❶将无花果、红葡萄酒、蜂蜜、肉桂、香草枝放入锅中煮。
❷待无花果煮软，水分煮干之后，取出肉桂及香草枝，收干锅中汤汁。最后用薄荷叶装饰成品。

南瓜可乐饼

材料（4人份）

南瓜……200克　　面粉……适量
鲜奶油……1大勺　蛋液……适量
蜂蜜……1小勺　　面包粉……适量
肉豆蔻……少许　　盐……适量
肉桂粉……少许

制作方法

❶将南瓜装在耐热容器中，覆上保鲜膜，送入微波炉加热后去皮。
❷将去皮的南瓜捣碎，与鲜奶油、蜂蜜、肉豆蔻、肉桂粉、1小撮盐一起放入碗中，加热并混合搅拌。
❸将材料②捏成梨形，依次裹上面粉、蛋液、面包粉，放入180℃的油锅中油炸。最后用芝麻菜、香芹装饰成品。

勃艮第风味烤蜗牛

材料（2人份）

食用蜗牛……8粒
蘑菇、杏鲍菇……各40克
土豆……1/2个
核桃……3个
蜗牛黄油……40克（→第164页）
盐、胡椒……各适量

制作方法

❶用水将蜗牛逐个洗净，去除黏液。
❷蜗牛放入锅中，倒入水，直至将蜗牛浸没。将水烧开，将蜗牛断生，捞出擦干水。将1小撮盐、少许胡椒均匀抹在蜗牛身上。
❸将蘑菇去蒂，切成一口大小。
❹土豆去皮，切成2厘米的土豆块。放在锅中，用水稍微煮一下。
❺将蜗牛、黄油、蘑菇、蜗牛、土豆、核桃碎、盐、胡椒放在烤盘上，放入预热240℃的烤箱，烤制约8分钟。

焗烤花椰菜

材料（1人份）

花椰菜……100克
奶酪面粉糊……10克（→第94页）
牛奶……120毫升
蛋黄……1/2个
格吕耶尔奶酪……10克
肉豆蔻……少许
盐、胡椒……各适量

制作方法

❶将花椰菜切成小朵，在水中加盐余烫。
❷在余烫好的花椰菜上裹上盐及少许胡椒，放置于烤盘上。
❸在锅中将牛奶煮开，渐次加入奶酪面粉糊，用打蛋器混合搅拌，直至变得黏稠。关火，加入少许格吕耶尔奶酪、蛋黄、肉豆蔻，调入盐、胡椒。
❹将材料③覆盖在材料②之上，放入预热250℃的烤箱中，直至表面呈褐色后取出。

蒸粗麦粉

材料（2人份）
粗麦粉……50克　番茄……1/4个（50克）
洋葱……20克　薄荷……1/2小勺
甜椒……10克　柠檬汁……1/2个
芹菜……10克　特级初榨橄榄油……25
西葫芦……10克　毫升
黑橄榄……2个　盐、胡椒……各适量

制作方法
❶分别将洋葱、甜椒、芹菜、西葫芦、橄榄切成3毫米的小块，番茄用热水汆烫去皮、去子，切成3毫米的番茄块，薄荷切成末。
❷碗中放入粗麦粉，倒入60毫升热水加以搅拌，盖上锅盖蒸煮。
❸5分钟后，浇上橄榄油，将碗中的粗麦粉搅拌松散。
❹待粗麦粉冷却之后，将所有材料混合在一起，调入盐、胡椒。最后用薄荷叶装饰成品。

千层派风煎茄子

材料（3人份）
茄子……1根（100克）
杏鲍菇……50克
红葱头……5克
鲜奶油……20毫升
黄油……5克
盐、胡椒……各适量
格吕耶尔奶酪……5克

制作方法
❶杏鲍菇、红葱头切碎。茄子切成圆片，泡在水中去除涩味。
❷在平底锅中加入黄油，放入红葱头仔细翻炒。
❸加入杏鲍菇末翻炒后，调入1小撮盐、少许胡椒及鲜奶油。
❹平底锅中加热橄榄油，茄片擦干水后放入锅中，煎制两面。
❺将煎好的茄片和材料③交替叠放在烤盘中，再覆上格吕耶尔奶酪，放入预热230℃的烤箱烤制约5分钟。最后用马郁兰装饰成品。

毛豆蒸培根

材料（2人份）
毛豆……300克
培根……20克
肉汤……80毫升（→第78页）
黄油……1小勺
盐、胡椒……各适量

制作方法
❶毛豆去皮，培根切成条状。
❷锅中加热黄油，放入培根翻炒。
❸加入毛豆，迅速翻炒，倒入肉汤、1小撮盐、少许胡椒，直至将毛豆煮软。

森林风土豆炒菌菇

材料（2人份）
土豆……1/2个（75克）
鸿禧菇……1/4袋（25克）
蘑菇……2个
色拉油……1大勺
大蒜……1/2瓣
橄榄油……适量
黄油……5克
盐、胡椒……适量
香芹……1小勺

制作方法
❶分别将土豆、鸿禧菇、蘑菇切成1厘米的小块。土豆块泡入水中。
❷锅中加热大量色拉油，将土豆块沥干水分倒入锅中翻炒，然后倒入笊篱中沥干油分。
❸在同一平底锅中倒入大蒜、橄榄油、黄油加热，鸿禧菇和蘑菇适当翻炒。
❹将材料②倒回平底锅中，调入1小撮盐、胡椒，最后撒上切碎的香芹。

森林风土豆炒菌菇

材料（2人份）
胡萝卜……1/2根
小洋葱……2个
甜椒……1/2个
杏鲍菇……1根
玉米笋……2根

泡菜汁的材料
醋……120毫升
水……80毫升
盐……1大勺
砂糖……4大勺
黑胡椒粒……10粒
月桂叶……2片
丁香……2根
胡荽……20粒

制作方法
❶将胡萝卜切成长4厘米的条状，将棱角削圆。小洋葱去皮，在其尾部划出十字形刀口。甜椒、杏鲍菇切成瓣。
❷将制作泡菜汁的所有材料放入锅中煮沸，放入材料①和玉米笋煮片刻。
❸关火，盛出泡菜及泡菜汁，一同放入冰箱冷藏2小时。

水煮玉兰菜

材料（2人份）
玉兰菜……2根
肉汤……200毫升（→第78页）
柠檬汁……少许
黄油……2小勺
盐、胡椒……各适量

制作方法
❶切除玉兰菜变色的部分，竖切成2段。
❷用1小勺黄油抹在锅壁，将玉兰菜摆放其中，注入肉汤。放入柠檬汁、1小撮盐、胡椒少许，盖上锅盖，开小火慢煮。
❸待玉兰菜煮软之后捞出，沥干水分。锅中加热1小勺黄油，放入玉兰菜，煎出淡淡的棕色。最后用莳萝点缀成品。

玉米可丽饼

材料（2人份）
玉米（整根）……150克
鸡蛋……1个
面粉……适量
玉米淀粉……1/2大勺
黄油……1大勺
盐、胡椒……各适量

制作方法
❶将一半玉米切成碎末。
❷碗中放入玉米碎，剩余的玉米粒、鸡蛋、面粉、玉米淀粉、盐、胡椒少许，混合搅拌所有材料。
❸黄油在平底锅中加热，将材料②摊平成小圆饼，在锅中两面煎。最后用薄荷叶点缀成品。

第 2 章
前菜

法国料理的历史（16世纪—18世纪）

法国料理以奢华的宫廷料理为发端

大食汉国王豪放进食全凭十指

1533年，历史上著名的凯瑟琳·德·美第奇嫁入法国，同时也将刀叉带到了法国。大约100年后的17世纪中期，许多贵族已经使用叉子进餐了，但据说国王路易十四却仍然在用手抓取食物。食量惊人的路易十四，不顾进食时会弄脏他的双手，保持每天超过5餐的纪录。

酱汁诞生记

今天的法国料理中不可或缺的酱汁，早在18世纪时就已诞生了。当时的法国国王政治上实行绝对王权，生活上更是穷奢极欲，而料理也成为其彰显王权的工具之一。食物越奢华，王公贵族对国王越臣服。厨师便也投其所好，在烹调上不遗余力地翻新花样，做出了蛋黄酱、白酱之类用以装饰菜品的酱汁。

大事记

- ●文艺复兴兴盛期
  （16世纪上半期）
- ●凯瑟琳·德·美第奇与亨利二世结婚
  （1533年）
- ●亨利二世即位
  （1547年）
- ●法国宗教战争
  （1562年）

- ●巴黎出现餐厅
  （1765年）
- ●路易十六与玛丽亚·安东尼特结婚
  （1770年）
- ●法兰西革命
  （1789年）
- ●玛丽亚·安东尼特王后被处死
  （1793年）

从海外传入法国的饮食文化

刀叉&意大利料理

凯瑟琳从意大利嫁到法国，不仅带来了果子露、冰激凌等甜品，还带来了刀、叉，这标志着意大利的饮食文化也传入了法国。

出身意大利的凯瑟琳·德·美第奇，是法国亨利二世国王的王妃。

牛角面包

据说这是16世纪玛丽亚·安东尼特嫁给国王路易十六时，从奥地利维也纳带进法国的食品。

玛丽亚·安东尼特，出身奥地利，国王路易十六的王妃。

法式海鲜蔬菜冻

鲜艳诱人的外观令人食欲大增

法式海鲜蔬菜冻

材料 (1个700毫升模具的分量)

扇贝柱······4个 (120克)

蛤蜊······8个 (300克)

秋葵······4根 (28克)

玉米苗 (生) ······4条 (28克)

红甜椒······1/2个 (75克)

圆白菜······中等大小2片 (80克)

南瓜······80克

扁豆······30克

法式清汤 (固体汤料) ······600
毫升

百里香······2根

月桂叶······1片

吉利丁片······12克

盐、胡椒······各适量

酸奶酱汁的材料

原味酸奶······2大勺

蛋黄酱 (参考第22页) ······1大勺

全颗粒黄芥末酱······1小勺

盐、胡椒······各适量

罗勒酱的材料

罗勒叶······6片

蔬菜冻液 (由上述材料做成)
······40毫升

特级初榨橄榄油······1大勺

盐、胡椒······各适量

要点
**从模具中脱开之后，
须浇上80℃的汤汁**

烹调时间	难度
100分	★★★

※蛤蜊吐沙的时间不计在内

02 秋葵去蒂，将适量盐抹在其上，搓去绒毛，清洗干净。

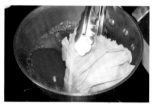

07 待锅中汤汁沸腾之后，放入南瓜、甜椒、圆白菜继续煮。圆白菜煮软之后，立即用漏勺捞出，沥干水分。

03 圆白菜切成适宜大小，扇贝柱横切成2等分。南瓜削皮，切成5毫米厚。甜椒去籽，竖切成两瓣。

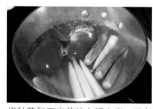

08 将秋葵和玉米苗放入锅中煮。①煮至用竹签可直接穿透材料为止。

04 蛤蜊泡在盐水中，吐净沙子之后，将盐抹在蛤蜊壳上，互相摩擦，以去除表面污物，然后用水洗净。

09 秋葵表面煮成深绿色后，用漏勺捞起，扇扇子助其冷却。

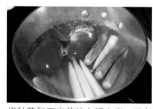

05 将吉利丁片一片片浸入水中软化，注意不要粘连。

10 南瓜、甜椒、玉米苗也用漏勺捞起。

01 将扁豆放入锅中，倒入水将其没过，开小火煮15～20分钟。撒入1小撮盐，少许胡椒，将其浸泡在汤汁中，静置冷却。

06 将玉米苗、百里香、罗勒叶放入锅中加热。撒入1小撮盐、少许胡椒，用刮勺混合搅拌。

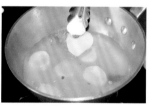

11 取出所有蔬菜后，放入扇贝柱。待煮变色后立即用漏勺捞出。

12 在步骤 11 的材料中放入蛤蜊，盖上锅盖，将蛤蜊煮至打开壳。

17 另取一个碗，倒入步骤 15 的蔬菜冻液 100 毫升，将冷却过的蔬菜和鱼贝类没入蔬菜冻液之下。

22 制作罗勒酱。将罗勒叶切碎，放入研钵中捣成泥。⑪将材料和器具冷藏过后使用，可保持材料原有的颜色。

13 待蛤蜊开口之后将其取出，挖出蛤蜊肉。⑪可以用蛤蜊壳将贝柱刮下。

18 在模具的底部铺上圆白菜叶，在圆白菜叶上交替摆放秋葵和玉米苗，再在其上码放扇贝柱、蛤蜊肉，最后在其上浇少许步骤 15 的蔬菜冻液。

23 将步骤 22 及 40 毫升步骤 15 的蔬菜冻液，特级初榨橄榄油、盐、少许胡椒倒入碗中，混合搅拌。如果隔着冰水搅拌，可更好地掌握材料的稠度。

14 将汤汁倒入漏斗，分出 400 毫升汤汁，调入盐、胡椒。⑪汤汁冷却之后重新加温。

19 放入甜椒、南瓜，再倒少许步骤 15 的蔬菜冻液。

24 将海鲜蔬菜冻切成 2 厘米宽，摆放在酱汁之上。⑪在砧板上铺一张保鲜膜，将材料连模具一同在 80℃ 的水中浸泡 3 分钟，取出用保鲜膜包起再切，可保持蔬菜冻的形状。

15 将步骤 14 的材料和在水中浸泡过的吉利丁放入碗中，待其融化之后，隔着冰水彻底冷却，待碗中液体变得浓稠之后，将碗从冰水上移开。

20 将步骤 01 的扁豆置于其上，倒入少许步骤 15 的蔬菜冻液，待其冷却凝固。⑪放在冰水之上送入冰箱，可加速凝固。

要点

如何保持蔬菜的外形

蔬菜煮的时间太长会变色、变形，破坏蔬菜冻的美感。因此建议不易煮熟的蔬菜先入锅，煮至竹签可穿透时即可出锅。

16 浅盘中装入冰水，从步骤 15 的材料中取 50 毫升倒入模具中，将其冷却。

21 制作酸奶酱汁。酸奶中加入蛋黄酱、全颗粒黄芥末酱，混合搅拌。调入 1 小撮盐、少许胡椒。

用漏勺将蔬菜捞起，再用竹签戳。

Terrine de poulet aux champignons

菌菇冻

各种带着香味的菌菇与其他食材浑然一体

要点
菌菇必须炒香

烹调时间	难度
70分	★★★

材料 (1个700毫升模具的分量)
鸡胸肉……225克
鸿禧菇、杏鲍菇、蘑菇、舞菇……合计180克
洋葱……60克
鸡蛋……1.5个 (75克)
A [小牛高汤 (参考第38页) ……75毫升
白兰地……4小勺
红葡萄酒……50毫升]

鲜奶油……5大勺
黄油……20克
盐,胡椒……各适量
油醋汁的材料
香草 (意大利香芹,牛至) 切碎……1小勺
白酒醋……1大勺
橄榄油……2大勺
盐,胡椒……各适量
配菜的材料
玉兰菜……适量
芦笋……适量

01 将蘑菇表面擦净。杏鲍菇与蘑菇切成2毫米宽,鸿禧菇、舞菇切成小朵。

02 剥去洋葱皮,切碎。

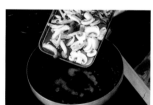
03 黄油在平底锅中加热,待黄油变为褐色时,放入菌类炒香。

04 待菌类炒软之后,将其拨到一边,空出部分位置,倒入洋葱轻轻翻炒。

05 洋葱炒软之后,与菌类混合,放入材料A,略煮片刻。调入1小撮盐,少许胡椒。

06 将步骤 05 的材料放入碗中，隔着冰水彻底冷却。

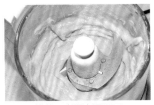

11 如图，搅拌至表面光滑即可。

16 将厨房纸巾铺在浅盘上，将步骤 15 的材料码放其上。注入热水，直至到达材料一半的高度，然后放入预热 165℃ 的烤箱中烤制约 40 分钟。

07 鸡胸肉去皮，去除多余的脂肪和筋，并切成 2 厘米的肉块。❶从这一步骤开始，所有的材料和器具都必须先冰镇。

12 在步骤 06 的碗中放入步骤 11 的材料，用刮勺混合搅拌均匀。取出少量放在平底锅中加热，如感觉味道太淡，可撒入盐、胡椒调味。

17 用一根竹签插入模具中央的材料，如有透明液体流出，说明以烤透。将刮片沿着模具内壁插入，取出菌菇冻。

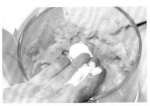

08 将鸡肉放入食物处理机中轻轻搅拌，撒入 1 小撮盐和胡椒，继续搅拌约 1 分钟。

13 在模具的内壁刷上黄油，将厨房纸巾裁成模具底面般大小并铺好。

18 切菌菇冻时，应事先做好目测，方能均匀地切下每一块。

09 加入 1/3 个冰镇过的鸡蛋，搅拌约 10 秒钟。稍后此操作还要重复 2 次。❶搅拌至表面变得光滑。

14 将步骤 12 的材料用刮勺装入模具内，表面刮平。❶中央部位容易鼓起，因此可略向下按压。

19 制作油醋汁。碗中倒入白酒醋、橄榄油、1 小撮盐、少许胡椒，搅拌均匀。

10 分数次将冰镇过的鲜奶油倒入其中并搅拌。❶鲜奶油不可搅拌过度，否则会发生分离。

15 用铝箔纸将模具覆住。❶如果覆 2 层，热量传递会较慢。

20 加入切碎的香草、盐、胡椒以调味。将步骤 18 的材料，玉兰菜、煮过的芦笋摆放在盘中，浇上调好味的油醋汁。

小牛高汤——基本高汤

使用牛小腿骨熬制的高汤美味超群

小牛高汤

材料 (约1升)

小牛腿肉……300克, 小牛腿骨……1千克, 洋葱……
150克, 胡萝卜……50克, 芹菜……20克, 红葱头……
20克, 大蒜……1瓣, 番茄……1/2个 (120克), 番茄酱
……20克, 水……4升, 色拉油……适量
A 百里香……1根, 月桂叶……1片, 白胡椒粒……3粒

❶洋葱、胡萝卜、芹菜、红葱头切粗粒, 大蒜对半竖切, 去芯。砧板抹上一层色拉油, 除了番茄之外, 将其他所有蔬菜和小牛腿骨置于砧板之上, 然后用色拉油将所有材料抹匀。放入预热220℃的烤箱中, 烤成褐色。

❷平底锅中加热色拉油, 将切成5厘米的小牛腿肉块摆放在锅中煎烤, 并加入步骤❶的材料。

❸在锅中倒入番茄酱, 均匀裹住材料, 继续煎烤。

❹在高身锅中放入水及步骤❸的材料, 开大火煮。待水沸腾之后转小火, 煮的过程中不时撇去汤面上的浮沫。

❺将番茄切成大块, 与材料A一起放入锅中煮约6～7小时。最后在过滤器上铺一张厨房纸巾将其过滤。

要点

所有小牛腿肉都必须煎成褐色

小牛腿肉必须煎成褐色, 方可煮出漂亮的棕色小牛肉汤汁。因此, 在煎小牛腿肉时, 可以用力按压牛肉, 以确保煎成褐色。

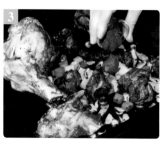

烹制法国料理应从掌握小牛肉高汤的做法起步

　　小牛肉高汤 (法语fond de veau) 中的"fond"意为高汤, "veau"则小牛肉之意。因此, 这道汤必须取材小牛肉、骨和带有香味的蔬菜, 放入烤箱中适度烤制。还有一个要点是, 只有将小牛肉和蔬菜烤出漂亮的颜色, 方能获得一道既美味又美观的棕色高汤。

　　利用小牛腿肉、骨熬制的浓郁高汤, 经常用于炖煮肉类和酱汁。另外, 马德拉酱汁、红葡萄酒酱汁 (→第25页) 等搭配肉类料理的酱汁, 一般都是用小牛肉高汤作为重要材料。

　　棕色高汤家族中的另一名成员——野味高汤, 则是使用野鸡、野兔, 或羊骨和碎肉等熬制而成。我们应该根据不同的料理, 使用不同的高汤。

Salade niçoise

尼斯风味沙拉

这是源自法国南部,色彩鲜艳的传统沙拉

尼斯风味沙拉

材料 (2人份)

红甜椒 (小) ……1个 (72克)
青椒……1个 (40克)
土豆 (小) ……2个 (200克)
鳀鱼……1条
黄瓜……1/2根 (50克)
番茄 (小) ……1个 (100克)
黑橄榄……4个 (12克)
鸡蛋……1个
红叶生菜……视个人喜好定量
玉兰菜……视个人喜好定量
红菊苣……视个人喜好定量
粉红胡椒……5颗
盐……适量

制作金枪鱼蛋黄酱的材料
金枪鱼罐头……40克
洋葱……15克
蛋黄酱 (参考第22页) ……1大勺
盐,胡椒……各适量

沙拉酱的材料
A ┌ 黄芥末酱……1/2大勺
  │ 白酒醋……1大勺
  │ 特级初榨橄榄油……3⅓大勺
  └ 盐,胡椒……各适量

要点
**必须趁热为
土豆浇上沙拉酱**

烹调时间	难度
40分钟	★★★

01 土豆洗净,带皮煮至竹签可一下子穿透时捞出。⓮水沸腾之后须改小火,以免将土豆煮烂。

02 锅中放入鸡蛋和水,开大火煮。水沸腾之后改小火,继续煮12分钟。⓮沸腾之前应不时旋转鸡蛋,以保持蛋黄位于鸡蛋中央。

03 煮好的鸡蛋放入冷水中,剥去蛋壳。⓮待鸡蛋凉透之后再剥皮,并将其洗净。

04 用切蛋器将鸡蛋切成2～3毫米的薄片。⓮使用切蛋器可使鸡蛋片在沙拉中更美观。

05 黄瓜去蒂,将适量盐均匀地抹在其表面,在砧板上来回滚动几次,令其颜色更加鲜艳。如果备有厨房雕刻刀,还可用来在黄瓜皮上刻出花纹。

06 将黄瓜切成宽2～3毫米的薄片。

07 刀从青椒蒂往其内部插入,将青椒籽与青椒蒂一同拔出。如籽有残余,可轻敲青椒令其掉落出来。

08 将青椒切成宽2～3毫米的青椒圈。

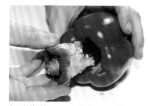

09 红甜椒的处理方法相同,将刀插入甜椒内部,同时拔出甜椒籽和蒂。

10 将红甜椒切成宽2～3毫米的甜椒圈。

11 用刀将番茄蒂摘除。⓮将刀尖垂直插入,同时旋转番茄,如此还可将番茄蒂周围青色的部分摘除。

12 番茄对半竖切，放平继续对半切，然后从两边开始向内切成厚 4 ~ 5 毫米的薄片。

17 洋葱末沥干水分之后放入碗中，用刮勺混合搅拌。加入盐及少许胡椒，继续搅拌。

22 将土豆片摆放在浅盘中，用毛刷将步骤 19 做好的沙拉酱刷在其上。鳀鱼切成宽 2 毫米的长条，摆放于土豆片上。

13 使用橄榄去核器将黑橄榄核掏出，并切成橄榄薄片。如果没有去核器，也可以用刀从橄榄外侧开始切成片。

18 制作沙拉酱。将湿布拧成麻花状垫在碗底，放入材料 A、1 小撮盐、少许胡椒，用打蛋器混合搅拌。

23 红叶生菜、鳀鱼、红菊苣洗净，沥干，分别切成宽 1 厘米的细丝。

14 制作金枪鱼蛋黄酱。洋葱先切丝，再切碎。⑪如一开始便试图切碎，会破坏洋葱纤维，影响口感。

19 搅拌均匀之后，渐次滴入少量特级初榨橄榄油，搅拌使之发生乳化。如味道不够，可调入少许盐、胡椒。

24 将步骤 23 的材料交替并排摆放在盘子中。

15 将洋葱装在滤勺中，放入水中过滤约 5 分钟。

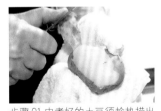

20 步骤 01 中煮好的土豆须趁热捞出，用布包住，剥去土豆皮。

25 用 2 根汤匙将金枪鱼蛋黄酱做出类似鱼糕的形状（即橄榄球形）。

16 用刮勺将金枪鱼在碗中碾压，并倒入蛋黄酱。

21 将土豆切成厚 8 毫米的薄片。⑪在步骤 22 中趁热调入沙拉酱，可帮助入味。因此请注意手速要快。

26 在步骤 24 的盘子上摆放步骤 22、12、06、04、08 的材料。在步骤 25 的材料上撒上粉红胡椒，将步骤 13 切好的黑橄榄片摆放在步骤 10 的红甜椒圈上。最后浇上步骤 19 的沙拉酱。

沙拉必备的叶菜类蔬菜大汇总

何不尝试使用有别于平日的蔬菜制作沙拉?

绿叶生菜

这是生菜的一个品种,菜叶较皱,口感柔和,带香味。除了生吃之外,还可为蒸煮料理和汤品增加风味。

红菊苣

在意大利,人们将红菊苣称为"radicchio"。意大利是其主要产地,但在法国南部也有种植。味道独特,微苦,略带酸味。

苦苣

法语名为"chicorée"。皱巴巴的菜叶是其特点,口感水嫩带苦味。主要用于制作沙拉,既可生食,也可加热食用。

玉兰菜

法语名为"endive",长约10~20厘米,口感爽脆,带苦味。非常适合与蛋黄酱搭配制作酱汁。

水芹菜

十字花科蔬菜,具有药用价值,其香味和对味蕾的刺激感类似胡椒。常用来装饰料理。

皱叶甘蓝

圆白菜除了绿色之外,还有红色、白色及皱叶等变种。皱叶甘蓝耐热,可以煮、炒等。

在法国可以吃到哪些绿色蔬菜?

　　法国是欧洲数一数二的农业国,盛产各种蔬菜。玉兰菜、红菊苣、水芹等都是常用于法国料理的叶菜类蔬菜。

　　圆白菜中又有白色、紫色、绿色等丰富的品种。使用圆白菜做成的罐头或酸泡菜,更是人们喜爱的小菜。而芽甘蓝用黄油炒过之后,也是经常登上人们餐桌的配菜。

　　清洗蔬菜或菜叶时,冲水时间不宜太长。短时间用水可令菜叶恢复青翠,但长时间用水则会导致菜叶因吸水过度而变蔫。另外,生花菜如果沾到醋会变色。

Mousse de poivrons doux sur coulis de tomate acidulée

红甜椒慕斯搭配番茄浓汁

此款口感柔滑的慕斯中,散发着红甜椒浓郁的风味

红甜椒慕斯
搭配番茄浓汁

材料 (2人份)

甜椒毛豆冻的材料

红甜椒……1/4个 (40克)

毛豆 (可使用冷冻毛豆) ……30克

肉汤 (参考第78页) ……200毫升

吉利丁片……2克

盐,胡椒……各适量

红甜椒慕斯的材料

红甜椒……1/2个 (75克)

肉汤……200毫升

吉利丁片……2克

甜椒粉……少许

鲜奶油……40毫升

黄油……10克

粗盐 (或精盐) ……适量

盐,胡椒……各适量

番茄浓汁的材料

番茄 (大) ……1个 (200克)

番茄酱……1/2小勺

橙汁……1大勺

雪莉醋……1小勺

卡宴辣椒……少许

砂糖……少许

盐,胡椒……各适量

摆盘装饰的材料

雪维菜……适量

要点
吉利丁应在关火后放入

烹调时间	难度
70分钟	★★★

02 制作红甜椒与毛豆蔬菜冻。将红甜椒与肉汤一起放入锅中,将甜椒煮透之后捞出。汤汁备用。

07 用汤匙将步骤06做好的蔬菜冻舀入玻璃杯或其他容器,并放入冰箱冷却,使之凝固。

03 将从锅中捞出的红甜椒去皮,并切成8毫米的细丝。将毛豆放入含1%盐分的热水,解冻后从豆荚中取出毛豆。

08 制作红甜椒慕斯。红甜椒去蒂、去籽,切成1～2厘米的小块。

04 在步骤02的汤汁中放入2克吉利丁片,使其融化。①如果汤汁过热,会影响吉利丁片的凝固效果,因此加入吉利丁片时不可加热汤汁。

09 黄油在锅中加热,放入红甜椒,用小火充分翻炒。①充分翻炒可以将甜椒的甘美和风味锁住不致流失。

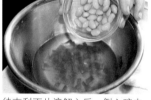

05 待吉利丁片溶解之后,倒入碗中。加入步骤03的红甜椒、毛豆,1小撮盐,少许胡椒。

10 红甜椒炒好之后,倒入肉汤,撒入1小撮盐,少许胡椒,煮至红甜椒变软。

01 取4克吉利丁片泡入冰水,待其变软后捞出备用。①请注意,冰块融化后水温上升,会使吉利丁片无法溶于水。

06 将碗放在冰水之上,彻底冷却的同时轻轻搅拌。①如果汤汁变得浓稠之后再开始搅拌,会产生气泡,因此应在此之前迅速搅拌。

11 将步骤10做好的材料用滤网过滤,分开汤汁与材料。继续将汤汁煮到剩余100毫升。

12 将步骤 11 的红甜椒、热汤汁，步骤 01 的 2 克吉利丁片及辣椒粉放入搅拌机中搅拌。

17 在冷却好的步骤 07 的蔬菜冻上叠加步骤 16 的材料，再次放入冰箱冷却凝固。

22 关掉搅拌机，调入雪莉醋、卡宴辣椒、砂糖调味，继续搅拌至表面柔滑。

13 搅拌好之后，用筛网或笊篱过滤。

18 制作番茄浓汁：用叉子从番茄蒂的一侧插入，放在火上将番茄皮烤至卷起，放入冷水中静置 2 ～ 3 分钟。

23 将材料倒入碗中，放入冰箱冷藏。静置片刻后，气泡消失，成色会变红。

14 碗中放入鲜奶油及 1 小撮盐，用打蛋器搅拌至 8 分发为止。

19 用布擦净番茄，刀从破皮处伸入仔细地将皮剥去。

24 从冰箱中取出步骤 17 的材料，用汤匙舀起番茄浓汁浇在材料上。最后撒上雪维菜加以装饰。

15 将步骤 13 的碗放在冰水之上，冷却至呈现黏稠状。①与鲜奶油软硬度相当为佳。

20 去除番茄籽，切大块后放入搅拌机。

要点

用杯底轻敲桌面以调整慕斯在杯中的高度

将慕斯和番茄浓汁装入玻璃杯时，材料在杯中的高度较难掌握。建议用手抓住杯脚，在平整的桌面上轻轻敲击，以调整出最佳高度。

16 加入步骤 14 的鲜奶油，并直接搅拌。注意起泡不可消失。

21 再分别放入少许的番茄酱、橙汁、盐、胡椒并搅拌。

可以在桌上铺一块毛巾，以缓冲敲击的强度。

45

烹制法国料理的诀窍与要点 ❸
学习简单的摆盘技巧,从食物外观中感受乐趣!
稍加用心即可完成堪比专业人士的摆盘

容器	用具	酱汁

造型简单的大圆盘,对于初学者是较易使用的容器。只要摆盘空间够大,便可以将料理和酱汁摆放得比例得当。

如果要将食材做出肉丸的形状,请准备2个汤匙。其中1个汤匙舀起食材,用另一个交替将三边调整成相同大小,如此便可做出漂亮的形状。

在盘子上铺一层浅色的酱汁,再将深色的酱汁在其上滴出点状花纹。用一根牙签将每个点的圆心串联起来,便可画出心形的图案。

用深色的酱汁在浅色酱汁的上方画出两个同心圆。用一根牙签如同画小花的花瓣一般进行勾勒,便可得到箭羽的花纹。

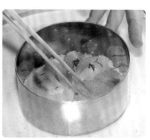

借用圆形模具,应将材料在模具中压缩成圆形。可以将不同的材料交替、交错重叠摆放,以便脱模之后,获得漂亮的摆盘效果。

将慕斯或蔬菜冻等柔软的料理装进玻璃杯,可令食物赏心悦目。装入慕斯时轻敲容器底部,可排出多余的空气。

掌握摆盘的技巧

　　法国料理的摆盘一直给人以美观华丽的印象,在此向您介绍简单易行、适合新手操作的摆盘方法。

　　首先应考虑好盘子与料理、酱汁的空间占比。最适合摆盘的是较大的白盘子,而圆盘又比方盘更容易操作。一般的标准是,肉类料理使用直径26厘米,鱼类料理使用直径24厘米的盘子。如果家中备有各种形状、深浅不同的盘子就更好了。

　　如果选用圆盘来盛装烤肉,先要将配菜摆放在里侧,再在盘子中央或略靠外的位置上摆放主菜,接着淋上酱汁,最后点缀比较脆弱的香草类。如果需要淋上味道浓淡不同的2种酱汁,应先淋上味道淡的。如果事前在脑中对摆盘做出大体的规划,再如纸上作画般将之付诸实践,所获得的效果将是出人意料的。

Salade de lentilles

扁豆沙拉搭配热酱汁

热菜搭配凉菜，享受不同风味

扁豆沙拉搭配热酱汁

材料 (2人份)
洋葱……15克
番茄……1/3个 (50克)
欧芹叶……1/2根
黄芥末酱……1大勺
盐、胡椒……各适量

煮扁豆的材料
扁豆……80克
洋葱……20克
胡萝卜……20克
芹菜……20克
百里香……1根
月桂叶……1根

葡萄籽沙拉酱的材料
黄芥末酱……1大勺
白酒醋……2大勺
葡萄籽油……6大勺
盐、胡椒……各适量

蘑菇热沙拉的材料
鸿禧菇……1/2袋 (50克)
杏鲍菇……1/2根 (50克)
蘑菇……2个 (15克)
生菜 (大片) ……1片 (40克)
红菊苣……1片 (40克)
玉兰菜……1片 (10克)
葡萄籽沙拉酱……从做好的沙拉酱中取50毫升
橄榄油……1小勺
黄油……4克
盐、胡椒……各适量

要点
煮至扁豆变软为止

烹调时间	难度
*60*分钟	★★★

01 切好煮扁豆所需的材料。胡萝卜、洋葱、芹菜切大块。①切大块是便于后续将这些香味蔬菜取出。

02 锅中放入扁豆、胡萝卜、洋葱、芹菜、百里香、月桂叶，倒入足量的水，没过所有材料，开火加热。

03 待水烧开之后，撇去表面的浮沫，改小火煮约20分钟。

04 洋葱切碎，用水过滤。芹菜切碎、番茄去皮、去籽，切成5毫米的番茄块。

05 将鸿禧菇清理干净，用手撕成小块。

06 杏鲍菇用手撕成大块。①所有的菌菇类都撕成与鸿禧菇一般大小，如此既美观又可统一烹煮的时间。

07 用毛刷将蘑菇刷净，摘去根部，切成6段。

08 制作葡萄籽沙拉酱。将布拧成麻花状垫在碗底，防止打滑。

09 碗中放入黄芥末酱、白酒醋、1/4小勺盐、1小撮胡椒，混合搅拌均匀。

10 一点点加入葡萄籽油，用打蛋器混合搅拌均匀。①沿着碗壁一点点倒入，可便于掌握流入的速度。

11 待步骤 03 的扁豆变软之后装入碗中，隔着冰水冷却。

16 将生菜、红菊苣、玉兰菜切成适宜入口的大小，放入冰水中。

21 将 50 毫升步骤 10 的葡萄籽沙拉酱倒在锅中，混合搅拌均匀。

12 从碗中取出胡萝卜、洋葱、芹菜、百里香、月桂叶，只留下扁豆。

17 用筛网滤干生菜、玉兰菜、红菊苣中的水分。

22 将圆形模具放在盘子中央，装入步骤 15 的扁豆沙拉，用汤匙背将其推平。必须用力压平，否则沙拉会变得散乱。

13 用筛网将扁豆中的水分滤去，在碗中铺一张厨房纸巾，放入扁豆，用手轻按以彻底去除水分。

18 平底锅中加热黄油、橄榄油。

23 在模具的周围散放步骤 17 的材料，并将步骤 21 的蘑菇热沙拉码放其上，最后脱模，完成此道菜。

14 碗中放入扁豆，以及 50 毫升步骤 10 的葡萄籽沙拉酱，然后放入步骤 04 的洋葱、番茄、芹菜，与黄芥末酱混合搅拌。

19 待黄油加热出褐色之后，放入步骤 05 的鸿禧菇、步骤 06 的杏鲍菇、步骤 07 的蘑菇，开大火将所有材料炒出褐色。

要点

如何令扁豆更加美味

扁豆即使已煮得绵软，待冷却之后往往又会变硬。因此应花费足够的时间来煮扁豆，如此方能在变冷之后，吃起来也不觉得特别硬。

15 搅拌均匀后加入 1 小撮盐、少许胡椒并继续搅拌。

20 加入 1 小撮盐，少许胡椒，关火。

可用小火慢煮，以防扁豆被煮烂。

充分释放出菌菇类食材特有的香味

从平价到昂贵，法国菌菇的种类繁多

牛肝菌

菌伞大，肉厚。干牛肝菌的香味尤为浓郁。

灰喇叭菌

属鸡油菌科。外形似喇叭，也叫作黑喇叭菌，香味浓郁。

松露

松露被誉为世界三大珍馐之一，是常用于法国料理的高级食材，分为白松露，黑松露，夏松露三种。

鸡油菌

鲜鸡油菌呈现橙色，又名"杏菌"，经常腌泡之后用作配菜。

羊肚菌

整个菌伞呈蜂窝状，口感极富弹性，香味非常浓郁。

巴黎蘑菇

食用的蘑菇可分褐色，白色两种，在日本也很常见。

处理脆弱的菌类食材应格外小心

味道独特，香气馥郁的菌菇类，是深受法国人喜爱的应季食材之一。每到秋天，法国人就会到郊外去采摘蘑菇，用于制作沙拉，或直接炒制食用。

市面上可以买到干菌菇，鲜菌菇，菌菇罐头，冷冻菌菇等。鲜菇类容易受损，也容易变色，因此必须在使用之前才进行预处理。干菌菇可浸在水中泡发，而泡发水也可留下备用。

新鲜菌菇的保鲜期在2～3天，但若将新鲜菌菇放入冰箱，保持良好的通风，则可保存1周。

请注意，如果菌菇表面变色或变得滑腻，便有可能是菌菇表面受伤所致。干菌菇在常温下可保存约1年。

Rillettes de porc

猪肉酱搭配烤面包片及蔬菜

法国料理中的代表性储存食品，风味满满

猪肉酱搭配
烤面包片及蔬菜

材料 (4人份)

猪里脊肉 (或五花肉) ······400克

洋葱······1/4个 (50克)

胡萝卜······1/3根 (50克)

红葱头 (或洋葱) ······1个 (15克)

大蒜······1瓣

核桃······6个

水煮绿胡椒······1小勺

法棍面包片······1/2根

肉汤······300毫升

白葡萄酒······100毫升

黄油······50克

盐,胡椒······各适量

摆盘装饰的材料

核桃······适量

法式泡菜······适量

水煮绿胡椒······适量

要点
须煮至水分全干

烹调时间	难度
200分钟	★★★

02 洋葱去皮,切成1厘米的方块。

07 从烤箱中取出核桃,用刀粗粗切一下。

03 红葱头去皮,切成1厘米的方块。红葱头也还可用洋葱代替。

08 法棍面包片切成细长条,放入烤面包机烤2～3分钟。

04 大蒜去皮,取出蒜芯,用砧板压扁。

09 黄油放入锅中,用中火加热,待黄油融化,冒出气泡。待黄油稍变色之后再放入蔬菜,可使炒出的蔬菜颜色更加诱人。

05 猪里脊肉切成2厘米的肉块,撒上1/3小勺盐、1小撮胡椒,并用力攥住肉块,以便调料入味。

10 锅中黄油起泡之后,放入大蒜、洋葱、胡萝卜、红葱头,仔细翻炒至蔬菜上色。

01 胡萝卜削皮,竖切成两半之后,再切成1厘米的方块。

06 将核桃摆放在烤盘上,放入预热180℃的烤箱中烤7～8分钟,将核桃表面烤出褐色。

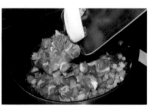

11 放入猪肉,改中大火翻炒。用炒勺将猪肉迅速搅散,待猪肉和蔬菜的一面上色之后再翻面。

12 待所有材料都炒出褐色之后，迅速倒入全部白葡萄酒，将锅里的食材上下翻搅。

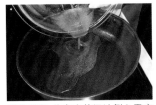

17 将步骤 15 分离出的汤汁倒入平底锅，开大火加热。

22 搅拌均匀之后，加入盐、胡椒。可以将味道调得较重，以便享受法棍面包片和红葡萄酒。

13 待白葡萄酒的酒精挥发之后，倒入肉汤和 1 小撮盐、少许胡椒。锅中汤汁烧开之后，撇去汤面的浮沫。

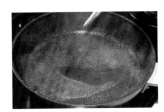

18 煮至水分溅起的声音消失为止。煮剩 100 毫升汤汁即可。⚠请注意，水分残留太多会导致保存过程中的材料变质。

23 放入步骤 07 的核桃，水煮绿胡椒，轻轻搅拌。

14 盖上锅盖，煮约 2.5 小时。如汤汁减少，应及时加水。(如使用高压锅，只需煮 25 分钟，其间不可打开锅盖)。

19 将步骤 18 煮好的汤汁倒入碗中，隔着冷水冷却。⚠请注意不可冷却过度，以免汤汁凝固。

24 将肉酱和步骤 08 的法棍面包片放在盘中，再摆上法式泡菜、核桃、水煮绿胡椒。

15 用竹签可轻松穿透猪肉时，将锅中材料倒入滤网，使材料与汤汁分离。

20 将冷却过的碗底用布擦干。

要点

待水分完全蒸发之后加以保存

肉酱在保存之前如未能去除所有水分，会影响其口感。建议在肉酱表面抹一层猪油，如此肉酱可保存 2 ~ 3 周。

16 将步骤 15 滤出的材料倒入研钵，用木槌将其捣碎后倒进碗中。将碗放在冰水之上冷却。

21 将步骤 16 捣碎的猪肉一点点加入步骤 20 的碗中，用刮勺搅拌均匀。

听不到锅中水分溅起的声音即可。

放心处理蔬菜,只需记住以下要点

做好预处理,可使蔬菜风味更佳

大葱

❶用刀将大葱对半竖切成2等分。❷碗中装满水,手握住大葱根部,将大葱叶伸入碗中,分开葱叶,洗净内侧的泥沙。

大蒜

大蒜剥皮,竖切成2等分,利用刀刃靠近刀柄的部位,将大蒜芯去除。将大蒜放在砧板下方,用砧板的边缘将其压扁。如需切片,也应先去除大蒜芯。

洋蓟

用手掰断洋蓟的茎根。用手剥下外侧厚实的花萼,剩余的部分用刀削去,将芯留下。立即在切口处滴上柠檬汁,以防变色。

番茄

将番茄泡入烧开的水中,充分加热10秒钟便捞起。泡入冷水2分钟左右,捞出后擦去表面的水分,用刀从裂口处伸入,剥去番茄皮。

正确的预处理,让料理美味升级

　　不同种类的蔬菜,预处理的方式也不尽相同。只要事先做好处理,不仅可使蔬菜经久不变色,还可使其更加美味。

　　比如,将有些发蔫的叶菜类蔬菜泡入水中,可使之恢复水灵的状态,口感更佳。而炸土豆、红薯前,则应将其泡入水中以析出淀粉,如此可防止它们粘连在一起。煮南瓜和胡萝卜时,建议将它们切得浑圆,以防煮烂。

　　当然,妥善保存蔬菜,也是提升它们口感的重要方法。蔬菜最怕流失水分,因此如果蔬菜未能用完,应将其放入塑料袋或密封容器,在真空环境下保存起来。而将蔬菜的茎泡入水中,或用浸湿的纸张包住,保鲜效果会更好。

Verre de légumes et tomate farcie à la mousse de saumon fumé

熏鲑鱼慕斯配棒状蔬菜沙拉

用色彩鲜艳的蔬菜蘸着慕斯一起食用

熏鲑鱼慕斯配棒状蔬菜沙拉

材料 (2人份)

小番茄……2个 (20克)
小胡萝卜……2根 (80克)
小萝卜……2根 (40克)
秋葵……2根 (14克)
白芦笋……2根 (80克)
玉米苗……2根 (14克)
盐……适量

熏鲑鱼慕斯的材料

熏鲑鱼……50克
鲜奶油……80毫升
罗勒叶……4片
盐、胡椒……各适量

刺山柑沙拉酱的材料

醋浸刺山柑……1大勺
莳萝……1小勺
雪莉醋……2小勺
特级初榨橄榄油……4小勺
盐、胡椒……各适量

摆盘装饰的材料

雪维菜……适量

要点
须充分使用芦笋皮及根茎

烹调时间	难度
50分钟	★★★

02 用刮皮刀将白芦笋从尖部向下厚厚削下一层皮，切除根部及以下2～3厘米的部分。皮和根部留下备用。

03 用刮皮刀薄薄地将小胡萝卜削皮。

04 用刮皮刀薄薄地将小萝卜削皮。

05 用刀将罗勒叶切成粗粒。⑪罗勒叶如切碎会变黑，因此应采取滑切，而不可剁碎。

01 切除秋葵蒂，剥去花萼。抹上适量盐，双手轻搓表面，去除绒毛后清洗干净。

06 将刀从小番茄蒂以下5毫米处切下。

07 熏鲑鱼切成1～2厘米宽。⑪后续要与鲜奶油搅拌在一起制作慕斯，熏鲑鱼因是制作慕斯的材料，建议提前冰镇。

08 在含1%盐分的热水中放入白芦笋皮和切掉的根部，煮约10分钟。

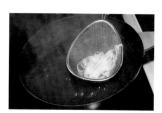

09 煮好之后，将步骤08的材料静置在锅中约10分钟，捞出白芦笋皮和根废弃不用。

10 用步骤09的汤汁将秋葵和玉米苗煮软，然后倒入滤勺中冷却。

11 待步骤10的汤汁沸腾后，放入白芦笋煮软。

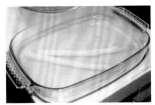

12 待白芦笋煮软之后，连同汤汁一起倒入浅盘中。

17 搅拌至如图效果后，加入少许盐、胡椒，轻轻拌匀。⑪如过分搅拌，会导致鲜奶油分离。

22 将刺山柑沙拉酱倒入小杯中，将小胡萝卜斜插入杯中。

13 制作鲑鱼慕斯。将步骤 07 的熏鲑鱼放入食物处理机中搅拌。⑪食物处理机应事先冷却。

18 将熏鲑鱼慕斯倒入裱花袋，用刮片挤出袋中多余的空气。

23 将小萝卜、秋葵、白芦笋、玉米苗分别装入杯中。⑪将白芦笋靠在小胡萝卜上，防止倒下。

14 熏鲑鱼搅拌好之后，放入步骤 05 的罗勒叶。

19 制作刺山柑沙拉酱。用刀将刺山柑和莳萝切碎。

24 将步骤 06 的小番茄放入杯中，将步骤 18 裱花袋中的熏鲑鱼慕斯挤出在番茄上。再将雪维菜摆放在慕斯上。

15 步骤 14 完成之后，一点点倒入少量冷的鲜奶油，并加以搅拌。

20 将毛巾卷成麻花状，垫在玻璃碗下。放入刺山柑、莳萝、雪莉酒醋，以及少许盐、胡椒，并搅拌均匀。

要点
如何正确处理
白芦笋

用削皮器仔细地削去白芦笋黄色的表皮，直至露出表皮下白色透明的部分为止。另外，叶鞘部分较硬，处理时应特别注意。

16 搅拌过程中不时暂停料理机，将飞散在机壁上的材料刮下集中在一起，继续搅拌。

21 一边渐次滴入特级初榨橄榄油，一边用打蛋器均匀搅拌碗中的材料。

将坚硬的根部切去。

香气浓郁的香草,料理调味的圣品

料理中使用各种香草可令风味倍增

1 月桂叶

月桂叶也称香叶,经常在晒干后用于炖菜。因有防腐功效,也用于制作法国泡菜。

6 迷迭香

带有清香,味略苦。适用于烧烤料理或炖煮料理。是众多香草中香味特别强烈的一种,不可过量使用。

2 龙蒿

菊科植物,英语写作"estragon",有小龙之意。将龙蒿叶切碎,可以放入各种料理中调味。

3 百里香

原产于地中海沿岸的唇形科植物,有增香、祛异味的功效。即便长时间加热也无损其香味,因此也适用于烤制料理。

4 莳萝

伞形科植物,带着强烈的芳香。莳萝叶、籽均可入菜,适用于冷汤类或鱼类料理。

5 意大利香芹

香芹叶可直接用于装饰料理,切碎后也可调进酱汁,或撒在料理上。如要用于加热料理,一般最后放。

巧用香草香料,丰富料理风味

　　香味浓郁、丰富的香草香料,可以祛除鱼类或肉类料理的异味,还可以为酱汁增香,更是装盘的点睛之笔,因此在法国料理中是绝不可少的重要食材。香草香料既有新鲜的,也有晒干的。因晒干的香草香料气味更浓烈,请注意不可过量使用。另外,新鲜香草香料也不可过度加热,否则会有损其风味。

　　在每道料理中使用一种香草香料即可,但法国料理也经常使用两三种,其中具有代表性的便是香料包。这是将各种香草香料扎成一束,放入炖煮料理中增香。最基本的香料包是由欧芹、百里香、月桂叶、香芹组成,包裹之后将它们用棉线扎紧。也可以根据个人的喜好,添加更多香草。如果不使用棉线,也可使用煲汤袋。

Gelée d'huîtres avec étuvé de poireau

生牡蛎冻配酸奶油

香软柔滑，入口即化

生牡蛎冻配酸奶油

材料 (2人份)

带壳生牡蛎……6个 (300克)

酸奶油……40克

焖大葱的材料

大葱……1/4根 (120克)

肉汤 (参考第78页) ……2大勺

鲜奶油……2大勺

黄油……12克

盐,胡椒……各适量

牡蛎冻的材料

红葱头 (或洋葱) ……10克

白葡萄酒……40毫升

肉汤 (参考第78页) ……80毫升

牡蛎汁……从上述材料中取4大勺

吉利丁片……2克

胡椒……适量

摆盘装饰的材料

莳萝……适量

粗盐……适量

要点
大葱须用小火仔细翻炒

烹调时间	难度
*60*分钟	★★★

02 将大葱切成 5 厘米长的细葱丝, 红葱头切碎。

03 将吉利丁片放入装有冰水的浅盘中, 待吉利丁片软化后取出备用。

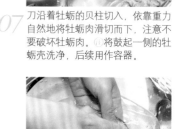

07 刀沿着牡蛎的贝柱切入, 依靠重力自然地将牡蛎肉滑切而下, 注意不要破坏牡蛎肉。⑩将鼓起一侧的牡蛎壳洗净, 后续用作容器。

04 处理生牡蛎。 将牡蛎壳上的苔藓和泥沙用水冲洗干净。

08 碗里装满水, 将牡蛎肉放入其中洗净。取出后用厨房纸巾包住, 放入冰箱。

05 单手握住牡蛎, 牡蛎壳鼓起的一面朝下, 刀插入两片壳之间。⑩建议戴上手套, 或用毛巾垫着操作, 以防割伤。

09 从步骤 06 的牡蛎汁中, 取出 60 毫升过滤, 以备制作牡蛎冻。⑩如果使用所有的牡蛎汁来制作牡蛎冻, 会变得太咸。

01 用刀将大葱对半竖切。提起大葱根部, 将下部浸入水中, 展开大葱叶仔细清洗。⑩大葱叶之间的泥沙应仔细洗净。

06 将牡蛎汁倒入碗中。⑩单手握住牡蛎, 牡蛎壳鼓起的一面朝下, 开口朝向自己, 将右前方的贝柱割下, 打开牡蛎壳。

10 制作牡蛎冻。 锅中倒入白葡萄酒, 开大火加热。

11 将步骤 09 的牡蛎汁、肉汤、步骤 02 的红葱头放入锅中烧开。

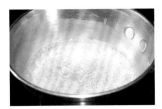

12 烧开之后改小火，煮至红葱头散发出香味。如用大火加热，便无法释放出红葱头的香味。

17 放入步骤 02 的大葱，开小火炒软。慢炒以防炒煳。

22 将步骤 07 的牡蛎壳擦干，将步骤 20 的材料盛放其中。

13 将步骤 12 的汤汁煮至剩 120 毫升。

18 倒入肉汤，以及少许盐、胡椒，盖上锅盖，改小火煮约 10 分钟。

23 将步骤 08 的牡蛎码放其上，浇上步骤 15 的牡蛎冻。

14 将步骤 13 的汤汁倒入锅中，加入少许胡椒。放入步骤 03 中泡软的吉利丁片，使之融化。整个过程无须加热。

19 待大葱煮软之后，放入鲜奶油，以及少许盐、胡椒以调味。

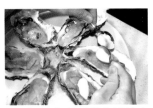

24 用两支汤匙将酸奶油做成法国肉丸的形状（橄榄球形），摆在牡蛎冻上，并用莳萝装饰。

15 待吉利丁片融化之后，将其过滤到碗里。将碗隔着冰水，令碗中的吉利丁冷却、凝固。

20 煮至黏稠之后盛入碗中，隔着冰水冷却。

✕ 错误

大葱烧煳了！

煮大葱时所用的水分较少，如果用大火煮容易烧煳。因此应改用小火，在煮的过程中不时揭开锅盖查看。

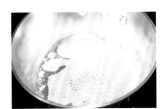

16 将黄油在锅中加热，待其完全融化并冒出气泡。

21 准备一个大盘子，在正中央铺一层粗盐。盐的作用是固定住牡蛎壳。也可以使用普通的盐代替。

大葱糊在锅底，便不可再使用。

正确处理鱼贝类食材,让海鲜料理更加美味!

正确处理鱼贝类食材的方法,适用于所有料理

墨鱼

剥去墨鱼黑色的外皮,手指探入其体内,抽去筋,取出整条墨袋,挤出墨鱼眼。墨汁留下备用。

牡蛎

牡蛎壳较平的一面朝上,将专用刀具伸入上下壳之间,切断贝柱,将其撬开。牡蛎壳容易伤手,处理过程中应佩戴手套。

龙虾

处理龙虾时容易被龙虾的钳子所伤,因此应在处理完之后,再将捆在钳子上的绳子或胶带剪去。

贻贝

从贻贝上下壳之间露出的细条,是贻贝的足丝,处理时,将足丝缠在叉子上,朝向自己的方向拉出。

没有完善的预处理,就没有美味的料理

　　相比其他料理,鱼贝类料理的预处理是比较麻烦的。但只要掌握了诀窍,即便在家中也可以做出水平不亚于餐厅的美味料理。

　　贻贝、牡蛎等贝类食材的表面一般都附着着不少泥沙,一定要仔细清洗干净。如果要取出壳内的肉,应把刀插入上下壳之间,切断贝柱之后再取出。

　　处理墨鱼时,应先将与墨鱼足和胴体的筋撕掉,拔掉墨鱼足。然后将手指伸入胴体中,将留在里面的软骨拔除干净。如果要剥皮,应用布边擦边剥。

　　处理龙虾时,应先将其外壳仔细冲洗干净。根据不同的烹调需要,将龙虾头和身体切成两段,或将龙虾的背部剖开。龙虾的胃不可食用,应废弃。

Mousse de foie de volaille

鸡肝慕斯

慕斯与法棍面包片、脆片蔬菜是好搭档

鸡肝慕斯

材料 (2人份)
鸡肝……150克
洋葱……60克
大蒜……1/2瓣
肉汤 (参考第78页)……4大勺
白兰地……2小勺
白葡萄酒……2大勺
百里香……1/2根
鳀鱼酱……1小勺
蜂蜜……1小勺
法棍面包片……4片
黄油……17克
色拉油……1/2小勺
盐,胡椒……各适量

香草酱的材料
雪维菜叶……1根份
罗勒叶……3片
意大利香芹叶……1根份
核桃……3个
柠檬汁……1大勺
特级初榨橄榄油……2大勺
盐,胡椒……各适量

脆片蔬菜的材料
莲藕,红薯……每份各2厘米
植物油……适量

摆盘装饰的材料
薄荷……4片
粉红胡椒……2粒

要点
鸡肝应煎出褐色

烹调时间	难度
*50*分钟	★★★

02 莲藕去皮后切成透明的薄片,浸入醋水中。

07 将鸡肝放在浅盘上,撒上1/3小勺盐,1小撮胡椒,用手揉搓。

03 红薯带皮切成透明的薄片,浸入水中。

08 将2克黄油及色拉油倒入平底锅中加热,铺上鸡肝,开大火将其煎至褐色。

04 洋葱剥皮后对半切开,切成宽1～2毫米的薄片。

09 锅中倒入白兰地,以去除鸡肝的异味。鸡肝中央仍是生的状态时,将其取出,放在浅盘上。

05 用刀切除鸡肝上多余的油脂及血管,切成2厘米宽的小块。

10 另取一个平底锅,放入15克黄油,以及切碎的大蒜,改小火加热。

01 法棍面包片切成厚5毫米的薄片。

06 碗中装满冷水,用来清洗鸡肝。洗净之后,用毛巾擦干。

11 待大蒜炒出香味后,加入步骤04的洋葱翻炒。

12 洋葱炒软之后，撕下百里香上的叶片，放入锅中。再倒入鳀鱼酱，搅拌均匀。

17 待步骤 16 的材料冷却之后，倒入食物处理机搅拌。

22 摘下雪维菜叶、香叶芹、罗勒、意大利香芹的叶片，将其切碎。

13 搅拌好之后，放入步骤 09 的鸡肝翻炒。

18 将飞溅在机壁上的材料刮下，集中在一起再次搅拌。在整个过程中，不时暂停料理机，将飞溅的材料刮下，搅拌均匀。

23 将步骤 21 的核桃放入研钵中，放入切碎的香草香料，将其捣烂。事先将材料和工具冷却一下，有助于保持食材的色泽。

14 倒入全部白葡萄酒，加热至酒精完全挥发。

19 待鸡肝搅拌到上图中的程度后，用刮勺将其移至碗中。

24 捣烂之后，滴入特级初榨橄榄油、柠檬汁、1 小撮盐、少许胡椒，搅拌均匀。

15 待酒精完全挥发之后，放入肉汤、蜂蜜。

20 制作脆片蔬菜 将莲藕片、红薯片放进 160℃ 的油锅中炸至褐色，捞出放在铺好厨房纸巾的浅盘上。

25 用汤匙将步骤 24 的材料涂抹在硬面包片上，放入烤箱烤制 2～3 分钟，至其表面呈现褐色。取出后摆放在盘子上。

16 放入 1 小撮盐、少许胡椒，搅拌均匀。煮至汤汁收干。

21 制作香草酱 将核桃放入烧开的水中煮约 5 分钟，捞出浸入冷水中，剥去核桃皮。

26 将脆片蔬菜也摆放其上，将步骤 19 的慕斯摆出自己喜欢的形状。最后在面包片上摆放薄荷，脆片蔬菜上摆放粉红胡椒，浇上步骤 24 的香草酱。

勃艮第、罗讷-阿尔卑斯大区的特色

全球最昂贵的罗曼尼·康帝红葡萄酒便产自勃艮第大区

北部是勃艮第大区，有着美食之都美誉的里昂则位于南部的罗讷-阿尔卑斯大区。

欧塞尔
维兹莱
勃艮第大区
欧坦
马孔
里昂
尚贝里
罗讷-阿尔卑斯大区
瓦朗斯
第戎
博恩
佩鲁日
夏蒙尼·勃朗峰
安纳西
阿尔贝维尔
格勒诺布尔

地方特色料理

勃艮第风蜗牛

勃艮第的食用蜗牛是吃葡萄叶长大的，在蜗牛壳中塞入大蒜、欧芹，用黄油烤制后食用。

红酒煮鸡蛋

这是将荷包蛋在红酒中炖煮而成的料理。使用红酒烹制的还有红酒牛肉、红酒猪肉等。

香芹火腿

这是将主要原料——火腿与香芹冷却、凝固后制成的蔬菜冻。

位于里昂中心的圣让首席大教堂

优质葡萄酒的产地

博若莱产区是与波尔多齐名的著名葡萄酒产地，此地出产的博若莱新酒非常有名。主要生产浓郁芳香的红葡萄酒，同时也制造各种葡萄酒。

在街头可以买到加入肉桂粉和蜂蜜的热葡萄酒。

美食家的天堂，独特食材的荟萃之地

　　勃艮第大区位于法国北部，罗讷-阿尔卑斯大区则位于法国南部。勃艮第作为著名的葡萄酒产地为世人所熟知，而罗讷-阿尔卑斯大区的里昂则因其美食之都的称号而驰名。

　　葡萄酒圣地勃艮第大区，种植大片葡萄，用葡萄叶饲养的勃艮第蜗牛及红葡萄酒便经常作为食材来使用。勃艮第大区东部区的第戎出产的芥末，产量占据法国国内芥末总产量的一半以上。此地的芥末有颗粒状与泥状两种，经常作为料理食材登场。除此之外，人们还常在料理中放入香草香料或利口酒。

　　罗讷-阿尔卑斯大区的料理中经常使用肝、香肠、牛肚，或牛和猪的内脏。牛肚炒洋葱是里昂的名料理。

Salade de betterave, carottes et céleri-rave

甜菜胡萝卜根芹菜沙拉总汇

法国料理餐厅的招牌沙拉

甜菜沙拉

胡萝卜沙拉

根芹菜沙拉

甜菜胡萝卜根芹菜
沙拉总汇

材料 (4人份)

甜菜沙拉的材料

甜菜……1个 (200克)

蛋黄酱……从下述材料中取3大勺

盐、胡椒……各适量

蛋黄酱的材料

蛋黄……1个

白酒醋……2小勺

黄芥末酱……1大勺

色拉油……100毫升

盐、胡椒……各适量

胡萝卜沙拉的材料

胡萝卜……120克

柳橙……1/2个 (100克)

葡萄干……1大勺

柳橙汁……1大勺

柠檬汁……2小勺

橄榄油……1大勺

盐、胡椒……各适量

根芹菜沙拉的材料

根芹菜……120克

柠檬汁……2小勺

蛋黄酱……从上述材料中取2大勺

鲜奶油……1大勺

香草 (欧芹、罗勒、莳萝) 切碎
……1小勺

盐、胡椒……各适量

装饰的材料

薄荷……适量

要点
将整个甜菜下锅煮制

烹调时间	难度
170分钟	★★★

02 制作蛋黄酱。将毛巾卷成麻花状，垫在碗底以防打滑。

03 碗中放入蛋黄、黄芥末酱、1小撮盐和胡椒，倒入一半量的白酒醋，用打蛋器搅拌均匀。

04 搅拌到一定程度后，一边渐次滴入少量色拉油一边继续搅拌，直至慢慢提起打蛋器时可以拉出尖角为止。

05 一点点倒入剩余的白酒醋，撒入盐、胡椒以调味。

01 锅中放水，将洗净的甜菜放入锅中煮约2个小时。⑩如果没有新鲜甜菜，也可使用甜菜罐头。

07 将甜菜切成8毫米的方块。

08 加入3大勺步骤05的蛋黄酱，调入盐、胡椒。

09 制作胡萝卜沙拉。将葡萄干用温水泡软后取出。

10 将柳橙削去外皮及白膜，将每瓣柳橙都对半竖切，再切成8毫米的方块。

06 当步骤01的甜菜可以用竹签轻松穿透时，关火冷却，擦干水，用刀削去皮。

11 胡萝卜用刮丝器或刀切成细丝。

12 将胡萝卜丝移入浅盘，撒1小撮盐，搅拌均匀，静置片刻，使之变软。

17 制作根芹菜沙拉。用刀将根芹菜的皮厚厚削去一层。

22 加入2大勺步骤05的蛋黄酱，搅拌均匀。

13 用手挤出胡萝卜丝中的水分，放入碗中。①如果不挤出水分，做出的沙拉就会渗出大量水。

18 用刮丝器或刀将根芹菜切成丝。

23 放入切碎的香草，调入盐、胡椒，搅拌均匀。

14 碗中各放入少许柠檬汁、柳橙汁、橄榄油、盐、胡椒，用打蛋器搅拌均匀。

19 放入1小撮盐，柠檬汁，搅拌均匀，使之变软。

24 将步骤08的甜菜沙拉，步骤16的胡萝卜沙拉，步骤23的根芹菜沙拉摆放在盘中，用薄荷装饰。

15 在放有胡萝卜丝的碗中，放入步骤10的柳橙丁。

20 变软之后，用双手将根芹菜中的水分挤干。

错误
甜菜变色了
将甜菜对半切开放入锅中水煮之后，发现甜菜中的色素溶在了水中，致使其褪色。为免于此，甜菜一定要整个连皮放入锅中煮。

16 葡萄干擦干水后，放入步骤15的碗中，边试尝味道边加入适量步骤14的材料，调味。

21 将根芹菜放入碗中，倒入鲜奶油。

切开后再放入锅中煮，会导致甜菜褪色。

法国葡萄酒那些事

唯有法国的水土，方能造就如此的葡萄酒

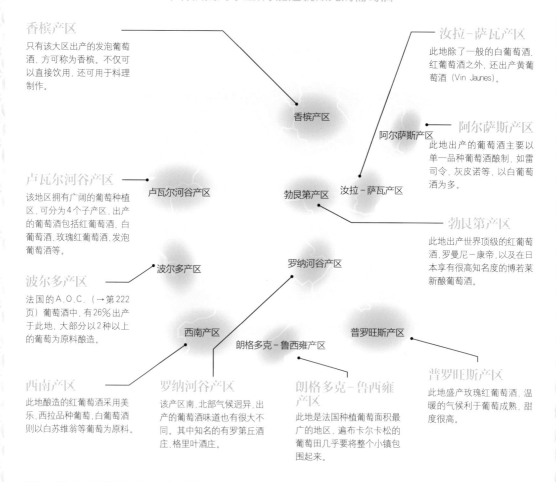

香槟产区
只有该大区出产的发泡葡萄酒，方可称为香槟。不仅可以直接饮用，还可用于料理制作。

汝拉－萨瓦产区
此地除了一般的白葡萄酒、红葡萄酒之外，还出产黄葡萄酒（Vin Jaunes）。

阿尔萨斯产区
此地出产的葡萄酒主要以单一品种葡萄酒酿制，如雷司令、灰皮诺等，以白葡萄酒为多。

卢瓦尔河谷产区
该地区拥有广阔的葡萄种植区，可分为4个子产区，出产的葡萄酒包括红葡萄酒、白葡萄酒、玫瑰红葡萄酒、发泡葡萄酒等。

勃艮第产区
此地出产世界顶级的红葡萄酒，罗曼尼－康帝，以及在日本享有很高知名度的博若莱新酿葡萄酒。

波尔多产区
法国的A.O.C.（→第222页）葡萄酒中，有26%出产于此地，大部分以2种以上的葡萄为原料酿造。

西南产区
此地酿造的红葡萄酒采用美乐、西拉品种葡萄，白葡萄酒则以白苏维翁等葡萄为原料。

罗纳河谷产区
该产区南、北部气候迥异，出产的葡萄酒味道也有很大不同。其中知名的有罗第丘酒庄、格里叶酒庄。

朗格多克－鲁西雍产区
此地是法国种植葡萄面积最广的地区，遍布卡尔卡松的葡萄田几乎要将整个小镇包围起来。

普罗旺斯产区
此地盛产玫瑰红葡萄酒，温暖的气候利于葡萄成熟，甜度很高。

（图中标注产区：香槟产区、卢瓦尔河谷产区、波尔多产区、西南产区、朗格多克－鲁西雍产区、罗纳河谷产区、勃艮第产区、汝拉－萨瓦产区、阿尔萨斯产区、普罗旺斯产区）

法国各地出产的葡萄酒都受到严格的质量监管

　　法国全境的气候与土壤条件都很适合种植葡萄，波尔多、勃艮第等诸多产区出产的葡萄酒，也都带有浓厚的地方特色。

　　法国各地出产的葡萄酒，都受到A.O.C.（→第222页）品质保障制度的严格监管。监管内容包括：必须在指定地区酿造，必须使用指定品种的葡萄为原料等。只有满足这一系列条件，方可获批"A.O.C.葡萄酒"的称号。

　　一般说来，肉类料理适用常温的红葡萄酒，鱼类料理则适用冰白葡萄酒。口味清淡的红葡萄酒也可以替代冰白葡萄酒，而一些仅使用盐和胡椒调味的清淡肉类（如鸡肉），也可以使用白葡萄酒。有时也不必考虑太多，只要做出来的料理符合自己的口味即可。

希腊风味腌泡蔬菜

荟萃各种颜色鲜艳的蔬菜,令人赏心悦目

希腊风味腌泡蔬菜

材料 (2人份)

小洋葱……4个 (160克)
花椰菜……150克
西葫芦……1/2根 (75克)
芹菜……30克
胡萝卜……1/2根 (75克)
蘑菇……4个 (30克)
小番茄……6个 (60克)
甜豆……8根 (40克)
大蒜……1瓣
芫荽籽……20粒
葡萄干……1大勺
白葡萄酒……75毫升
柠檬汁……1大勺
橄榄油……2大勺
特级初榨橄榄油……1大勺
盐,胡椒……各适量

要点
**细细翻炒蔬菜,
让蔬菜的味道充分释放**

烹调时间	难度
50分钟	★★★

※小洋葱需另外泡水。

03 西葫芦去蒂,切成4厘米长后,再分切成4条。

08 撕去甜豆表面的筋,切去两头,放入含1%盐分的热水中煮。

04 刮去西葫芦的边缘棱角。

09 捞起甜豆,放入装满冰水的碗中冷却之后捞起,擦干水。打开豆荚,将其分成两片。

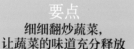

05 将胡萝卜切成4厘米的长条,再分切成4条,刮去边缘棱角。

10 小番茄去蒂,放入烧开水的锅中,煮出裂口之后立即捞出,放入冰水中。

01 将花椰菜从茎上摘下,再掰成小朵。⑪小洋葱连皮在水中浸泡1个小时。

06 用刷子刷净蘑菇表面,切去蘑菇蒂。

11 待冷却后,将小番茄放在毛巾上擦干,用刀剥去番茄皮。

02 将掰下的花椰菜泡入醋水中,以除去其中的杂质。

07 撕去芹菜表面的筋,切成4厘米长的条状,再刮去边缘棱角。

12 大蒜剥皮,对半切开,取出蒜芯,放在砧板上压碎。⑪注意掌握好力度,不可将大蒜压烂。

13 剥去小洋葱皮，切去两头，用刀尖在底部划出十字刀口。

18 撒入 1 小撮盐和胡椒，盖上锅盖煮。

23 倒入剩余的柠檬汁、盐、胡椒以调味。⑪可以在冰箱中冷藏 2～3 天，食用前先在常温下静置片刻。

14 橄榄油在平底锅中加热，放入大蒜，稍后再放入小洋葱。

19 煮好之后，将锅中材料倒入浅盘，倒入 2/3 大勺柠檬汁、特级初榨橄榄油。

24 将小洋葱切成两半之后装盘。

15 依次放入芹菜、花椰菜、大蒜、蘑菇、西葫芦，开中火加热。⑪细细翻炒，以炒出材料中的香味。

20 最后再放入小番茄，以免将其压碎。用刮片混合浅盘中的材料，注意不可用力破坏其外观。将所有材料静置，以便入味。

25 将蔬菜色彩均匀地摆放在盘中，再用汤匙浇上腌泡汁即可。

16 待锅中蔬菜炒软之后，再放入芫荽籽和葡萄干。

21 将浅盘中的菜拨到一边，在空出的位置放上甜豆。

要点

如何保持蔬菜外观的完整

为了在调味时不破坏蔬菜的外观，可以用汤匙将腌泡汁一点点浇在蔬菜上。

17 倒入白葡萄酒，避免食材烧糊。

22 让甜豆入味。⑪搅拌操作会破坏蔬菜的外观，因此可以将蔬菜翻几次身，让它们均匀入味。

将碗向一侧倾斜，让腌泡汁集中到一边，方便用汤匙舀起。

法国料理烹调法——"炖煮"篇
炖煮方法多种多样,连汤汁都可充分利用

braiser **煨** 盖紧锅盖,文火加热,与蒸相似。		将水没过材料的1/3,盖紧锅盖煮沸,用文火慢慢炖煮。因是利用水蒸气慢慢加热,煮出的食材口感软嫩。
pocher **水煮** 在充足的液体中加热食材。		锅中放入充足的液体慢慢加热,可以是清水,也可以是高汤或糖浆。煮完之后的汤汁可以当作汤品来饮用。
ragoût **炖** 将汤汁没过食材,慢慢炖煮。		将食材在汤汁中慢慢加热,适合烹制不易煮透的肉。

将汤汁熬制成酱汁,对食材物尽其用

　　"煮"这种烹调方式可以根据不同的需求进行各种变化。如果将食材煎、烤出褐色之后再入锅煮,汤汁便会呈现深褐色。如果食材只是略煎、烤过之后入锅,或直接入锅煮,那么汤汁便是浅色的。水煮也可选择热水煮,或常温水煮。

　　另一方面,法国料理中不可或缺的还有酱汁。酱汁主要是用烹制食物的汤汁熬制而成的,因此如何熬出食材中的美味,是整个过程的重点。请注意,加水不可过量,恰好没过食材即可。火候适宜,保持锅中汤汁微微沸腾的状态。盖住锅盖,防止锅中的水蒸气蒸发。

小眼绿鳍鱼配柑橘马鞭草酱汁

柑橘马鞭草酱汁是此道菜美味与否的关键

小眼绿鳍鱼配柑橘马鞭草酱汁

材料 (2人份)

小眼绿鳍鱼……1条 (350克)
扇贝柱……4个 (120克)
西柚……1个 (300克)
柳橙……1个 (200克)
莳萝……适量
特级初榨橄榄油……适量
盐,胡椒……各适量

柑橘马鞭草酱汁的材料

洋葱……1/4个 (50克)
芹菜……30克
红甜椒……30克
黄瓜……1/2根 (50克)
生姜……1/4片
苦艾酒 (或白葡萄酒)……50毫升
肉汤 (参考第78页)……75毫升
柑橘汁……从上述材料中取75毫升
水玉米淀粉……适量
橄榄油……1大勺
特级初榨橄榄油……1小勺
盐,胡椒……各适量

摆盘装饰的材料

莳萝……适量

要点
切鱼头时,菜刀应斜切而入

烹调时间	难度
90分钟	★★★

02 将步骤 01 挤出的果汁混合。

03 生姜切碎,分别将洋葱、芹菜、红甜椒、黄瓜切成 3 毫米的方块。

04 切除扇贝柱上的白色部分,再切成两片。

05 处理小眼绿鳍鱼。在水龙头下,边冲洗边用刀尖刮去鱼鳞。

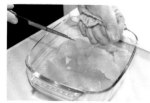

01 削去西柚和柳橙的皮和白膜。取出果肉,将果皮中的果汁挤出备用。

07 刀从背鳍处切入,沿着脊骨切下上方的鱼肉。翻过鱼身,重复同样的操作,切下另一面的鱼肉。

08 鱼切成上片、脊骨、下片三部分。

09 用拔刺器拔去细小的鱼刺。⑪鱼刺是从鱼头向鱼尾方向排列的,因此应从鱼头开始顺序拔去鱼刺。

10 一手执刀,一手拽着鱼皮,刀贴着鱼皮切入,慢慢将鱼皮割下。

06 刀从鳃盖后部斜切而入,翻过鱼身,重复同样的操作,切下鱼头。切开鱼腹,取出内脏。

11 去皮后,将鱼肉切成宽 3 毫米的薄片。⑪建议使用刀刃较薄的菜刀,来回滑切。

12 将鱼片和扇贝柱分别摆放在不同的浅盘中，都撒上盐及少许胡椒。

17 待洋葱炒至透明之后，放入芹菜、红甜椒，继续翻炒，然后倒入苦艾酒。

22 将步骤 19 过滤出来的材料，以及盘中剩余的汤汁放入锅中加热。汤汁煮开之后，倒入水玉米粉进行勾芡。

13 将鱼片和扇贝柱两面都均匀抹上特级初榨橄榄油。

18 待酒精挥发殆尽之后，倒入肉汤和 75 毫升步骤 02 的果汁。汤汁煮开后关火，调入 1 小撮盐、少许胡椒。

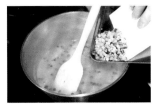

23 将黄瓜和特级初榨橄榄油倒入锅中，调入盐、胡椒，煮到一定浓稠度即可。

14 莳萝切碎，撒在鱼片和扇贝柱上，静置腌制片刻。

19 将步骤 18 的材料用筛网过滤，浇在步骤 14 的扇贝柱和鱼片上，汤汁以刚好没过材料为宜。静置 2 ~ 3 分钟。

24 在步骤 21 的盘中浇上柑橘马鞭草酱汁，装饰上莳萝。

15 制作柑橘马鞭草酱汁。生姜切碎，与橄榄油一同放入锅中加热。

20 装盘之前将扇贝柱对半竖切。

要点
如何巧妙剔除脊骨

剔除鱼骨时，刀不宜垂直切入。小眼绿鳍鱼的鱼骨比较特殊，因此只要沿着脊骨，变换角度，数度下刀，即可完整地剔除所有鱼刺。

16 生姜炒出香味之后，放入洋葱翻炒。

21 用 2 根竹签将步骤 19 的鱼片、步骤 01 的柳橙、步骤 20 的扇贝柱、步骤 01 的西柚按顺序摆放整齐。

刀沿着脊骨滑动。

肉汤因何被称作"汤品之源"

肉汤味道清淡,常用作法式浓汤或其他汤品的汤底

肉汤

材料 (约1升量)

牛小腿肉……300克、鸡骨架……4只份(400克)、水……3升、洋葱……150克、胡萝卜……100克、芹菜……50克、番茄……120克、大蒜……1瓣、白葡萄酒……100毫升、丁香……1根、百里香……1根、月桂叶……1片、白胡椒粒……3粒

❶锅中放水,将去除了油脂的牛小腿肉、鸡骨架放入,开大火加热。

❷待水烧开后改小火,撇去汤面上的浮沫。

❸将洋葱对半竖切,插入丁香,与胡萝卜、芹菜一起放入锅中。

❹番茄去蒂,对半切开。大蒜去芯,对半切开。与白葡萄酒、百里香、月桂叶、白胡椒粒一起放入锅中,保持微微沸腾的状态,煮约4个小时。

❺在过滤器中铺一张厨房纸巾,慢慢倒入汤汁加以过滤。

要点!

慢慢过滤以免汤汁浑浊

为了获得澄清的肉汤,必须将煮好的汤汁慢慢注入过滤器中。建议选用网眼较细的过滤器,并且先铺一块布或厨房纸巾。

如何使用法国料理中不可或缺的肉汤

肉汤是用带骨的肉类与蔬菜一起熬制的汤汁,与高汤一样都是法国料理中不可或缺的汤汁。清汤的制作方法与蔬菜牛肉浓汤的完全相同,只有熬制出的汤汁称为肉汤,常作为料理或汤品的底汤使用。

肉汤原本可分为以鸡肉为原料的鸡肉汤,以及以牛肉为原料的牛肉汤。本书中的肉汤,则是指用牛小腿肉与鸡骨架二者熬制的肉汤。另外,仅使用蔬菜熬制,口味清淡的蔬菜高汤还可以用来去除食物中的腥膻味或其他异味。

您也可以购买方便包装的肉汤来使用,如果在其中加入葱、香味蔬菜或香料,调制出的肉汤味道也很特别。

巴斯克风味炒鸡蛋

这是炒鸡蛋与番茄的绝妙二重奏

巴斯克风味炒鸡蛋

材料 (2人份)

鸡蛋……4个

鲜奶油……40毫升

黄油……15克

盐、胡椒……适量

法棍面包……1/4根

生火腿……2片

番茄甜椒炒蛋的材料

生火腿……1片

洋葱……1/2个 (100克)

青椒……1/2个 (20克)

红甜椒……20克

番茄 (小) ……1个 (100克)

番茄酱……2/3大勺

大蒜……1/2瓣

肉汤 (参考第78页) ……50毫升

橄榄油……1大勺

盐、胡椒……各适量

摆盘装饰的材料

雪维菜……适量

要点

**炒鸡蛋
须用小火**

烹调时间	难度
40分钟	★★★

02 番茄对半横切，用汤匙柄挖去番茄籽，切成8毫米的小方块。

03 将刀从青椒和红甜椒根部插入，去蒂除子。

04 生火腿片切成1厘米的薄片。

05 将步骤03的青椒、红甜椒及洋葱分别切成8毫米的小方块。①大蒜去芯，用砧板板压扁。

01 制作番茄甜椒炒蛋。番茄去蒂，将叉子插进番茄，放在火上烤至裂口，然后放入冰水中冷却，用刀从裂口处剥去番茄皮。

07 待大蒜爆香后，将步骤04的生火腿倒入锅中，轻轻翻炒。

08 待生火腿变色之后，倒入洋葱，炒至轻微变色。

09 倒入青椒、红甜椒炒软。翻炒时尽量将蔬菜分散开，以便水分蒸发。

10 待锅中材料炒至变色，并散发出香味之后，倒入番茄粒，轻轻搅拌。

06 平底锅中放入大蒜及橄榄油，小火加热。①斜置平底锅以防烟锅。

11 倒入番茄酱，肉汤，1小撮盐，少许胡椒并搅拌。

12 盖上锅盖，改小火煮约10分钟。煮好后，调入适量的盐和胡椒。

17 尝一下味道，如太淡可调入盐及胡椒。①因鸡蛋略一加热即须盛盘，故应在加热前先行调味。

22 将模具置于盘中，用勺子舀起步骤21的材料，放入模具中。用勺底在正中做出一个小凹槽。

13 将法棍面包切成薄片，再竖切成2等分。用烤面包机烤制2～3分钟。

18 黄油在锅中加热，火候以将少许鸡蛋倒入锅中也不致凝固为宜。在黄油起泡之前关火，用锅中余温将黄油融化。

23 将步骤12的番茄炒红甜椒置于凹槽之中，用勺子调整好形状。

14 用生火腿片包住面包。

19 黄油融化之后，以小火加热并倒入蛋液。①温度太高会使鸡蛋凝固，因此务必以小火加热。

24 抽走模具，将雪维菜摆放其上以作装饰。最后在其旁边放上步骤14的面包片即可。

15 将鸡蛋打入碗中，注意不要混入蛋壳。调入少许盐、胡椒。

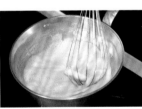

20 用打蛋器搅拌锅中蛋液，避免其凝固。不时用刮勺翻动锅壁及锅底的鸡蛋。

✗ 错误

**鸡蛋
凝固了**

锅中余温也会使鸡蛋凝固。事先将盘子备好，当鸡蛋加热至半熟状态时即刻盛盘。若使用大火，会导致鸡蛋结块，因此一定要用小火加热。

16 倒入鲜奶油，用打蛋器搅拌，使盐溶化。

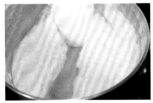

21 待鸡蛋搅拌至上图的状态，用刮勺一推便可见锅底时，即告完成。

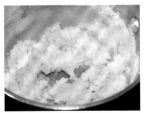

鸡蛋加热至65～70℃时便会凝固。

法国西南部料理的特色

该地区荟萃的料理,从质朴到高档,满足每一种口味的需求

地方特色料理

波尔多风味牛排

波尔多的著名料理,将处理过的红葱头、芹菜、牛骨髓摆放在牛排上搭配食用。

西南部地处法国最南端,面朝地中海与大西洋。旧巴斯克地区即位于此地的最西面,与西班牙接壤。

法式豆焖肉

朗格多克的一款地方料理,使用白芸豆、猪肉等食材,在当地传统的砂锅中烹制而成。

阿基坦大区北部的佩里格市风景

以当地高级食材烹制的料理

佩里格的地方著名美食中,有的以生长在橡树根下的松露,用特殊方法饲养的鹅、鸭的肝脏为食材烹制而成。

鹅肝酱冻,其柔软口感与黄油相似。

松露煎蛋卷是一款食材昂贵的豪华料理。

自然资源丰富,水源充足——法国西南部堪称食物宝库

法国西南部包括阿基坦大区、南比利牛斯大区、朗格多克-鲁西永大区一带的区域。因大部分地区面朝大海,而拥有丰富的海鲜资源。同时,其温暖的气候也十分有利于种植蔬菜、水果,因而农业发达。

地处南比利牛斯大区中部的图卢兹盛产香肠、大蒜、紫罗兰糖等,以这些特产为食材制成的图卢兹风味蔬菜牛肉浓汤、炖牛肉,都是非常有名的料理。

旧巴斯克地区位于阿基坦大区的最南端,横跨法国与西班牙境内。两国人民生活于此,年深日久便形成了既不同于法国,又有别于西班牙的独特文化。此地盛产番茄、红彩椒等红色食材,而中心城市巴约那也以出产高档火腿而广为人知。

荞麦可丽饼

这是一款用荞麦等原料烤制而成的风味薄饼

荞麦可丽饼

材料 (2人份)

荞麦粉……75克
鸡蛋……5克
水……180毫升
色拉油……2小勺
盐……1小撮
黄油……5克

饼馅的材料

菠菜……60克
蘑菇……2个 (15克)
培根块……40克
鸡蛋……2个
格吕耶尔奶酪……50克
肉豆蔻……少许
黄油……10克
盐,胡椒……各适量

要点
**水应分次缓慢地倒入
荞麦粉中**

烹调时间	难度
40分钟	★★★

※不含醒发时间

03 用打蛋器掏起碗中材料,其黏度如呈现上图中的状态即可。

08 将蘑菇切成厚5毫米的薄片。

04 用保鲜膜覆住碗口,放入冰箱中冷藏一晚。

09 在菠菜根部划出十字形,碗中装水,将菠菜根部朝下浸入水中静置片刻,再将菠菜洗净。

05 制作饼馅。将格吕耶尔奶酪切成厚2～3毫米的薄片。

10 将菠菜根部朝下,浸入含1%盐分的热水中,继而全部浸入锅中汆烫。待菠菜变色即可捞出。

01 将荞麦粉、1小撮盐倒入碗中,在中央用手指挖一个凹槽,将搅拌好的蛋液、色拉油倒入凹槽内,用打蛋器搅拌均匀。

06 将培根切成厚4～5毫米的薄片。

11 菠菜变色后捞出置于笊篱之上,用扇子扇风助其冷却。

02 取60毫升水,慢慢地,一点点倒入碗中,同时用打蛋器搅拌约5分钟,直至粉块完全消失。

07 擦净蘑菇表面,切去蘑菇蒂。

12 控干菠菜水分,将其切成4厘米长,撒上少许肉豆蔻、盐、胡椒,用手略加搅拌,使菠菜均匀入味。

13 在平底锅中加热 5 克黄油，待其变成褐色时，将蘑菇片摆放锅中，撒上 1 小撮盐、少许胡椒。

18 用打蛋器掬起面糊，如黏度呈上图中的状态即可。

23 待蛋清凝固之后，将培根片、蘑菇片摆放于菠菜及奶酪之上。再在鸡蛋上撒少许盐、胡椒。

14 待煎至表面金黄，将蘑菇翻面。待两面都煎至褐色时，将蘑菇盛出。

19 黄油在平底锅中加热，用厨房纸巾将黄油在锅中抹匀。

24 盖上锅盖，煎至蛋黄半熟。⑱不时揭开锅盖，擦干其上附着的水滴。

15 将 5 克黄油放入锅中加热，待其变成褐色时倒入菠菜，迅速翻炒一下即盛出。

20 舀起一半量的面糊，倒入锅中。将锅左右倾斜，使面糊均匀布满在锅中。剩余的面糊稍后再用来煎另一块饼。

25 待鸡蛋煎至自己满意的程度时，用锅铲将饼的四个边向上翻卷，将煎好的可丽饼盛盘。可让饼身"滑"入盘中，以免破坏饼馅的外观。

16 锅中不放油，将培根片放入，煎出褐色。

21 待面糊凝固之后，将菠菜段及格吕耶尔奶酪摆放其上，摆出环状。

✗ 错误！

面糊搅成面疙瘩了

如果在荞麦粉中一次性倒入水，会导致结块。为免于此，往粉中加水时应少量、分次倒入。

17 将步骤 04 的材料从冰箱中取出，一边缓缓倒入 120 毫升水，一边用打蛋器搅拌成面糊。

22 在步骤 21 的材料中央放一个鸡蛋，加热至蛋清凝固。⑪周围摆成环状的材料，阻止了蛋液外流。

结块浮在面糊表面。

布列塔尼大区的特色

此地以荞麦可丽饼的发源地而闻名

地方特色料理

海鲜浓汤

使用白肉鱼、虾、贻贝等海鲜，与蔬菜一起烹制而成的汤品。以葡萄酒醋和香草调味。

佩雷斯-基洛克
罗斯科夫　　　康卡勒
布雷斯特　　圣马洛　迪南
　　　　　　　　　福热尔
坎佩尔　　布列塔尼
　　　　　　　雷恩
卡尔纳克　瓦纳

布列塔尼位于法国最西部，整个本岛向大西洋伸出。

可丽饼

此地人们自古以来便食用可丽饼，这是一种以荞麦粉制成的薄饼。在日本也有不少可丽饼专卖店，可见其受欢迎程度。

圣马洛沿海而建的圣文森特大教堂。

荞麦甜点

荞麦粉不仅可以用来做主食，还可以做成冰淇淋、奶油、酱汁等。

布列塔尼集中着法国最多的港口城市

在圣马洛、康卡勒、布雷斯特这些知名的休闲胜地，人们每天都可以品尝到新鲜的龙虾、牡蛎、扇贝等。

在圣马洛捕获的大龙虾，其长度甚至超过60厘米。

在这些港口城市，可以买到刚刚捕捞上岸的海鲜。

布列塔尼大区以品种丰富的海产品与荞麦可丽饼闻名

布列塔尼半岛的地理位置突出在英法海峡与大西洋之间，因其盛产牡蛎、扇贝、龙虾而闻名遐迩。此外，从广布于法国南海岸的盐田中开采的盖朗德海盐也非常有名。此地仍保留传统的制盐方法——让海水在太阳下自然蒸发，再利用人工采盐。

因采盐、制盐业发达，此地也盛产咸黄油。法国料理中使用的一般是无盐黄油，而布列塔尼人则习惯用咸黄油来制作料理和点心。

此外，可丽饼也是布列塔尼值得一提的特产。在过去，此地的土质只适合种植荞麦，因此人们大量使用荞麦来制作主食和甜品，其中为人所熟识的便是可丽饼。今天，布列塔尼也可以种植小麦，所以人们也能吃到小麦粉做成的可丽饼。

Quiche aux fruits de mer

海鲜菠菜乳蛋饼

饼皮香脆, 馅料美味, 浓缩海鲜精华

海鲜菠菜乳蛋饼

材料 (1个21厘米的饼托分量)

饼壳的材料

蛋黄……1个

低筋面粉……150克

冷水……约2大勺

黄油……75克

盐……适量

蛋液……适量

高筋面粉……适量

饼馅的材料

对虾……5只 (100克)

扇贝柱……3个 (100克)

菠菜……1/2捆 (100克)

大蒜……1瓣

白兰地……2小勺

白葡萄酒……40毫升

黄油……10克

盐,胡椒……各适量

蛋奶液的材料

鸡蛋……1个

蛋黄……1个

鲜奶油……125毫升

卡宴辣椒……少许

盐,胡椒……各适量

要点
用蛋液将饼壳中的孔填满

烹调时间	难度
100分钟	★★★

02 将低筋面粉、黄油、盐放入食物处理机中,搅拌至糊状。

03 将步骤 02 的材料倒在操作台上,用刮片聚成粉堆,在中间挖一个小洞,将冷水及鸡蛋填入洞中。注意蛋黄不可溢出。

04 用刮片搅拌面粉,并用手压面粉。可以将面粉分成两部分来操作,直至面粉和好为止。

05 和好的面粉如上图般拿在手中不会变形即可。如果面依然很软,可用保鲜膜包住,放入冰箱,令其变得坚固。

01 制作饼壳。⑪制作之前应将所有材料及食物处理机放进冷柜冷却。

07 用擀面杖将面粉擀成四方形面皮,交替将面皮水平拉伸,以擀出均匀厚度。

08 擀出的面皮应稍大于饼托,而厚度以 3 毫米为宜。用刷子将面皮上多余的面粉刷去。

09 将面皮紧密贴合在饼托壁上,不要留空隙。

10 铺好之后,将擀面杖顺着饼托边缘擀,将多余的饼皮擀去。

06 将步骤 05 的材料从冰箱中取出,放在撒了高筋面粉的操作台上。

11 用叉子轻轻在面皮底部扎出小孔。放入冰箱中静置约 20 分钟。

12 将一张耐油纸按照饼托的形状裁下，铺在饼皮上。在其上放重物，以防受热后膨胀。然后将面皮和饼托放入预热180℃的烤箱中，烤制约15分钟。

17 待黄油变色之后放入菠菜段，轻炒一下，迅速盛出。

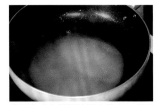

22 将分离出来的汤汁倒入锅中，煮至剩余30毫升即可。

13 15分钟之后，将耐油纸与重物取出，再放入预热180℃的烤箱中，继续烤制约10分钟。

18 对虾剥壳，用牙签剔除虾线。

23 制作蛋奶液。将鸡蛋、蛋黄、鲜奶油、卡宴辣椒、1小撮盐、少许胡椒、步骤22的材料放入碗中，搅拌均匀。

14 10分钟后，将蛋液刷在整张面皮上，再放入烤箱烤制约3分钟。用鸡蛋将面皮上的孔填满。

19 将对虾和扇贝柱切成1厘米的小块，撒上少许盐、胡椒并拌匀。

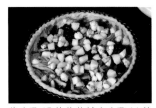

24 将步骤17的菠菜铺在步骤14的面皮上，再在其上散放步骤21中分离出来的材料。

15 制作饼馅。将菠菜放入含1%盐分的热水中余烫之后，即刻放入冷水中冷却。将菠菜切成3厘米长，撒上少许盐和胡椒并拌匀。

20 锅中放入5克黄油加热，再放入对虾和扇贝柱翻炒。待扇贝柱变色之后，倒入白兰地和白葡萄酒。

25 用汤勺舀起步骤23的蛋奶液，慢慢倒于其上，直至高度接近面皮边缘。注意不要让蛋奶液溢出。

16 将5克黄油放入平底锅中加热，用叉子插进剥皮的大蒜，在锅中一边用其搅拌黄油使之融化，一边将其爆香。

21 待酒精挥发之后，将锅中材料倒入筛网中，将食材与汤汁分开。

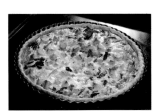

26 放入预热180℃的烤箱中烤制约20分钟，直至其表面金黄，中央部位熟透变硬为止。

89

烹制法国料理的诀窍与要点 ⑭
阿尔萨斯−洛林大区的特色
与德国文化交融,形成此地独特的风格

地方特色料理

洛林 ●梅斯 阿尔萨斯
巴勒迪克 ● 马勒海姆
南锡● ●斯特拉斯堡
里博维莱●●奥贝奈
埃皮纳勒● ●里克威尔
坦恩● ●凯塞尔堡
●科尔马
●牟罗兹

阿尔萨斯与洛林地区相邻,都与德国接壤。

酸菜什锦香肠熏肉
这是阿尔萨斯−洛林大区的乡土料理。以酸白菜与香肠炖煮而成。

白酒什锦锅
在专用陶锅中放入各种肉类、土豆、蔬菜,放入烤箱中烤制3~4个小时而成。

斯特拉斯堡的著名景点——小法兰西。

阿尔萨斯的传统陶锅
白酒什锦锅、咕咕洛夫等该地区流行的料理和糕点,都是用阿尔萨斯的索弗伦海姆村制作的陶锅烹制的。

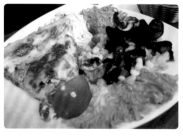

洛林乳蛋饼
这是洛林地区的特色料理。在面皮上铺上奶酪、培根烤制而成。

咕咕洛夫(奶油圆蛋糕)是当地著名的糕点。

阿尔萨斯−洛林地区与德国渊源颇深

　　阿尔萨斯与洛林地区地处法国东北部,历史上曾经是德国的领地,因此阿尔萨斯语曾是德国的语言,饮食文化也深受德国文化的影响。

　　阿尔萨斯盛产圆白菜,著名的料理酸菜什锦香肠熏肉(第113页),以牛肉、猪肉、羊肉、土豆烹煮的白酒什锦锅,不仅当地人食用,在与其接壤的德国、波兰也可以吃到。此地除了料理出名之外,采用单一种类葡萄酿造的白葡萄酒也具有很高的知名度。

　　洛林地区在历史上也是非常著名的,圣女贞德的故乡——栋雷米村即坐落于此。此地畜牧业发达,因此在地方料理中大量使用肉类及肉类加工品。以猪肉为材料的蔬菜浓汤(第210页),以培根为材料的洛林乳蛋饼等,都是其中的代表料理。

Soufflé au fromage et à l'huître

奶酪牡蛎蛋奶酥
搭配味美思酱

松软可口,热食最佳

奶酪牡蛎蛋奶酥搭配味美思酱

材料（4个直径8厘米的蛋糕模的量）

去壳牡蛎……6个 (240克)
菠菜……1/5 捆 (40克)
蛋黄……2个
格吕耶尔奶酪……40克
蛋清……2个
盐……适量

味美思酱的材料

红葱头（或洋葱）……1个 (15克)
鱼高汤（参考第192页）……200毫升
味美思酒（或白葡萄酒）……50毫升
鲜奶油……50毫升
奶酪面粉糊（参考第94页）……5克
藏红花……少许
盐、胡椒……各适量

白酱汁的材料

低筋面粉……12克
牛奶……120毫升
肉豆蔻……少许
黄油……12克
盐、胡椒……各适量

要点

烤至蛋奶酥高出蛋糕模，松软适宜时即告完成

烹调时间	难度
80分钟	★★★

02 将菠菜放入含 1% 盐分的热水中余烫，然后沥干水分，粗粗切一下。

03 红葱头去皮，切碎。

04 在牡蛎身上抹上面粉，以去除污物。用水洗净，放在毛巾上吸干水分。

05 用奶酪擦丝器将格吕耶尔奶酪切成细丝。

07 待锅中水烧开之后改小火，倒入步骤 04 的牡蛎。

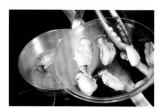

08 待牡蛎煮至身体膨胀之后捞出。锅中汤汁继续煮至剩余一半的量。

09 将牡蛎切成 1 厘米的小块。

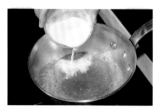

10 将鲜奶油倒入步骤 08 的锅中，撒入 1 小撮盐、少许胡椒，轻轻搅拌。然后将火关掉。

01 将常温黄油刷满在蛋糕模四壁，放入冰箱冷藏。待黄油凝固之后再刷一层，并撒上一层低筋面粉。

06 制作味美思酱。将步骤 03 的红葱头、味美思酒、鱼高汤倒入锅中加热。

11 将藏红花在锅中稍微煎一下，然后用手指将其捻成细末。

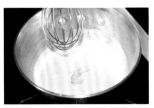

12 将步骤 10 改小火，放入白酱汁以增加黏稠度。用小漏勺仔细滤出酱汁中的杂质，以使酱汁更加顺滑。

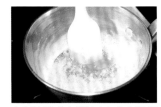

17 在步骤 16 的白酱汁中加入步骤 05 的格吕耶尔奶酪及蛋黄，搅拌均匀。

22 将步骤 21 的材料倒入步骤 01 的蛋糕模，盛满后用刮勺将表面刮平。

13 加入步骤 11 的藏红花。⑥因藏红花价格昂贵，使用时切勿浪费。若不经过步骤 11 的预处理，便无法释放出其中的香味和色泽。

18 加入步骤 02 的菠菜及步骤 09 的牡蛎，用刮勺搅拌均匀。

23 在蛋糕模与材料之间用手指划出一道缝隙，使烤出的蛋奶酥更加松软。

14 制作白酱汁。将黄油在锅中加热融化，加入低筋面粉并混合。⑥小火细炒，方可将残留面粉中的颗粒炒成细粉。

19 在碗中加入蛋清及少许盐，用打蛋器打发。如碗中残留油分或蛋黄等杂质，会导致无法打发。

24 在浅盘上铺一张厨房纸巾，摆上步骤 23 的蛋糕模。在浅盘中倒入热水至蛋糕模一半高度，放入预热 180℃ 的烤箱中，烤制约 25 分钟。

15 待面粉炒好后关火，倒入牛奶。用刮勺将锅壁和锅底的面糊刮落，与牛奶混合均匀。

20 慢慢提起打蛋器时，可以拉出尖角即可。

要点
如何将面粉与蛋黄搅拌均匀？

蛋黄遇到高温会凝固，导致无法搅拌。因此，可以将蛋黄放在奶酪之上，如此可避免高温，易于搅拌。

16 改中火，用打蛋器搅拌均匀。待酱汁变得黏稠之后，撒入 1 小撮盐、少许胡椒。

21 在碗中放入步骤 18 的材料，用刮勺混合搅拌至蛋白的泡沫消失为止。

隔着奶酪，蛋黄不易因高温而凝固。

奶酪面糊是制作酱汁、调节浓稠度时常用的神器

奶酪面糊可分白色与棕色两种

白色面糊

可制作任何酱汁，常用来勾芡或挂糊。

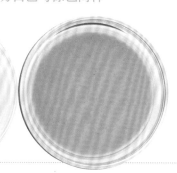

棕色面糊

在煮制多蜜酱汁或深色酱汁时使用。

制作白色面糊

材料

低筋面粉……50克
黄油……50克

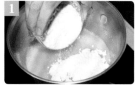

1 低筋面粉用筛子筛去杂质，称出适当分量。锅中放入黄油加热融化之后关火，倒入低筋面粉。

3 边搅拌边炒制2～3分钟。注意不要将面粉炒变色。

2 开小火，用刮勺搅拌均匀。

4 用刮勺掬起少许面糊，如呈上图中的状态即告完成。

制作棕色面糊

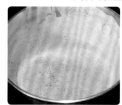

与白色面糊做法基本相同，只是翻炒时间更长，直至将面粉炒出左图所示的颜色。

注意不要炒成焦黑。

保存方法

面糊制作完毕之后静置冷却，装入密封罐，放入冰箱中，一般可以保持1个月左右。

面糊容易吸味，因此必须绝对密封，以防串味。

根据不同的料理，巧用不同的面糊

　　面糊是将黄油与面粉按照1:1的比例炒制而成，用来为酱汁进行勾芡。按照面粉的炒制程度，又可将其分为白色面糊与棕色面糊。在过去的料理中，曾经使用过颜色居于二者之间的面糊。但现在的人们一般将二者区分使用，比如在制作白酱汁时使用白色面糊，而制作多蜜酱汁则使用棕色面糊。如果您掌握了白色面糊的做法，在此基础之上，只需将面粉继续炒出棕色，便可制作出棕色面糊。

　　将面糊装入密封罐，在冰箱中可以长期保存。如在取用时发现面糊结块，可在其中少量分次注入开水，同时用打蛋器加以搅拌，调出适宜的浓稠度即可。

Tomates farcies à la Provençale

法式烤番茄镶肉

这是一道外形可爱,口味酸甜的经典开胃菜

法式烤番茄镶肉

材料 (2人份)

番茄……2个 (300克)

盐……适量

馅料的材料

羔羊肉……100克

洋葱……30克

大蒜……1/4瓣

普罗旺斯香草 (或百里香) ……1/2小勺

迷迭香叶……1/4根份

橄榄油……1/2大勺

黑胡椒……少许

盐、胡椒……各适量

鱼子酱茄子的材料

茄子 (小) ……2根 (140克)

洋葱……25克

大蒜……1/2瓣

鳀鱼酱……1/2小勺

白葡萄酒……1大勺

巴萨米克醋……50毫升

百里香叶……1根份

橄榄油……2大勺

特级初榨橄榄油……2小勺

盐、胡椒……各适量

摆盘装饰的材料

迷迭香……适量

要点
番茄须煮至水分
完全蒸发

烹调时间	难度
50分钟	★★★

02 用勺子挖出番茄瓤。①需要番茄做容器，因此挖瓤时应注意避免捅穿番茄底。

07 洋葱剥去皮，切碎。

03 在浅盘上铺一张厨房纸巾，将掏出的番茄瓤和番茄蒂置于其上，撒上少许盐。

08 摘下迷迭香叶，用刀切碎。

04 将步骤 02 中掏出的番茄瓤去籽，用刀切成丁。

09 大蒜去皮，抽去芯，切碎。

05 制作馅料。去除羔羊肉中多余的油脂，切成丁。

10 平底锅中倒入橄榄油，放入大蒜、普罗旺斯香草，待爆香后放入羔羊肉翻炒。

01 在番茄蒂侧 1.5 厘米处用刀切下。

06 在肉丁中撒入 1 小撮盐、黑胡椒，用手拌匀。

11 待羔羊肉炒出香味，放入步骤 07 的洋葱，翻炒至变色。

12 放入步骤 04 的番茄，步骤 08 的迷迭香，煮至水分蒸发。撒入盐、胡椒调味。

17 将茄子外皮朝上摆放在烤盘纸上，撒上 1 小撮盐、少许胡椒。放入预热 180℃的烤箱中烤制约 15 分钟。

22 待洋葱炒变色之后，倒入白葡萄酒，加热至酒精挥发。倒入茄瓤，炒至可以捏出形状为止。

13 在步骤 03 做好的番茄容器中塞入步骤 12 的材料，摆放在烤盘纸上，放入预热 200℃的烤箱中烤制约 10 分钟。

18 用一根竹签插入茄子，如能轻松穿透，即可将其从烤箱中取出。

23 锅中倒入巴萨米克醋，待烧开后转小火煮，直至酱汁剩余 10 毫升左右。关火后，拌入特级初榨橄榄油。

14 制作鱼子酱茄子。茄子去蒂，对半竖切，泡入水中以去除涩味。

19 按住茄子皮，用刀锋贴着茄子片切入，将茄瓤切下。

24 将步骤 13 的番茄置于盘子上，用迷迭香装饰。用 2 个汤匙将步骤 22 的材料做成丸子形（橄榄球形），浇上步骤 23 的酱汁。

15 将剥了皮的洋葱，去皮、去芯的大蒜切碎。

20 将步骤 19 切下的茄瓤切碎。

✕ 错误

番茄底被捅穿了！

在用汤匙挖番茄瓤时如不小心，容易将番茄底捅穿。万一捅穿，可以从其他番茄切下底部，放入穿底番茄内侧来补救。

16 将烤盘纸铺在砧板上，沥干茄子中的水分，刷上 1 大勺橄榄油，撒上百里香叶。

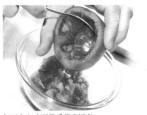

21 平底锅中放入大蒜、1 大勺橄榄油加热。待爆香之后，放入洋葱、鳀鱼酱翻炒。

如不小心，容易将番茄底捅穿。

如何制作在烹调中极为重要的蒜油

大蒜与橄榄油的黄金比

制作蒜油

材料

橄榄油……100毫升
大蒜……5瓣

大蒜剥皮、去芯，放在砧板下压扁后切碎。

将步骤①的材料泡入橄榄油，搅拌均匀，密封保存。

更多品种

香草油&辣椒油

香草油是将迷迭香、莳萝等香草切碎后，与橄榄油混合在一起制成。辣椒油则是将红辣椒泡入橄榄油中，待辣椒的香气完全被橄榄油吸收之后使用。一般用于炒菜和烹制意大利面。

保存在密封罐中

若将蒜油放在冰箱中，可保存2～3周。辣椒油与香草油冷藏保存约2～3个月，若放在阴凉处则可保存1～2个月。

蒜油可用于各种料理

意大利面、意大利烩饭等意大利料理中经常使用的橄榄油，也是法国料理中不可少的。提前将大蒜、香草等浸泡在橄榄油中保存，可以节省烹调的时间。

在制作烤蒜香面包时，只需将蒜油抹在法棍面包片上即可，操作非常方便。另外，将酱油、盐、胡椒、醋等调味品加入蒜油，也可瞬间调制出简单方便的调味汁。

保存的过程中，蒜油应没过大蒜。且应密封保存，防止串味。大蒜一旦接触空气就很容易腐烂，因此建议在每次取用之后，再倒入若干橄榄油。如果您想长期保存，可以不把大蒜切碎，而只对半切，或放入整瓣大蒜，如此便不易腐烂。

Beignets et Goujonnettes de poisson

无花果炸糕 & 炸鱼条

松软的无花果炸糕，搭配形似小鱼的炸白肉鱼丝

无花果炸糕&炸鱼条

材料 (2人份)
半干型无花果……4个
蓝芝士……30克
植物油……适量

炸糕皮的材料
蛋清……1个
蛋黄……1个
低筋面粉……50克
啤酒……50毫升
低筋面粉,盐……各适量

炸鱼条的材料
黑鲷(或其他白肉鱼)片……100克
鸡蛋……1个
水……少许
橄榄油……少许
低筋面粉,面包粉……适量
植物油……适量
盐,胡椒……各适量

番茄酱的材料
培根……20克
番茄……2个(300克)
洋葱……30克
胡萝卜……25克
芹菜……10克
大蒜……1/4瓣
肉汤(参考第78页)……200毫升
百里香……1根
月桂叶……1根
色拉油……1大勺
黄油……5克
盐,胡椒……各适量

鞑鞑酱的材料
法式泡菜……8克
欧芹(切碎)……1大勺
洋葱(切碎)……1大勺
蛋黄酱(参考第22页)……3大勺
水煮蛋……1/2个
盐,胡椒……各适量

摆盘装饰的材料
欧芹……适量

01 制作番茄酱。将去皮的番茄、芹菜、胡萝卜、洋葱、培根切成1厘米的小块。大蒜剥皮,用砧板压扁。

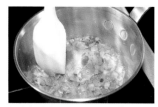

02 锅中加热色拉油及黄油,待黄油起泡之后,倒入培根翻炒。

03 待培根炒香后,倒入胡萝卜、洋葱、芹菜翻炒。

04 待蔬菜炒软之后,将番茄、肉汤、百里香、月桂叶、少许盐及胡椒倒入,改小火煮约40分钟。

05 将锅中食材倒在滤勺上,用刮勺挤压,以便将汤汁过滤干净。

06 制作鞑鞑酱。将法式泡菜、水煮蛋切丁。洋葱碎在水中浸泡约10分钟后滤出。

07 碗中放入蛋黄酱、法式泡菜,撒上少许盐、胡椒。

08 将沥干水分的洋葱碎与欧芹碎倒入碗中,搅拌均匀。

要点
将啤酒一点点倒入面粉中搅拌

烹调时间	难度
*80*分钟	★★★

09 将半干型无花果在温水中浸泡约30分钟使之变软。

10 无花果从水中捞出，去蒂，将其切开，以便塞入蓝芝士。

15 将蛋清倒入步骤 13 的碗中。用刮勺快速搅拌，以避免蛋清中的泡沫消失。

20 碗中放入鸡蛋，少许盐、胡椒及适量水并搅拌。接着一边慢慢倒入橄榄油，一边搅拌均匀。

11 将蓝芝士切成 2 厘米的小块，塞进无花果中，用力捏紧。

16 将步骤 11 的无花果裹上低筋面粉，抖去多余的面粉，摆放于浅盘之上。

21 待搅拌均匀之后，用滤勺过滤到浅盘上。

12 制作炸糕皮。碗中倒入低筋面粉，在中央挖一个凹槽，倒入蛋黄和 1 小撮盐，再一边慢慢倒入啤酒一边搅拌。

17 将步骤 16 的材料倒入面糊中，使其裹满面糊。

22 将黑鲷鱼条裹上低筋面粉，抖落多余的面粉。

13 用打蛋器仔细搅拌至柔软后，在碗上覆一层保鲜膜，在常温下静置 30 分钟。

18 将面团放入 180℃ 的热油中炸约 2～3 分钟，待炸成褐色之后捞出，置于厨房纸巾上，沥干多余油分。

23 将黑鲷鱼条放入步骤 21 的蛋液中，再裹上过筛后的面包粉。

14 将蛋清倒在另一个碗中，用打蛋器搅拌至起泡。

19 制作炸鱼条。将黑鲷鱼切成 1 厘米的条状，撒上少许盐、胡椒。

24 将黑鲷鱼条放入 180℃ 的热油中，炸至褐色后捞出，沥干油分。与步骤 18 的材料一起摆放在盘中，将 2 种酱汁放在旁边，点缀欧芹即可。

法国料理的用餐程序

法国料理是按照什么样的顺序上菜的呢?

1 餐前小点

餐前小点一般与餐前酒搭配食用,多为小面包,肉片等,切得很小,适合一口吃掉。

3 汤

在法国,所有的汤品都称为法式浓汤。其中又包括清汤、奶油汤等。

5 粗冰沙

这是比果子露颗粒更大的冰品,通常在鱼料理和肉料理之间食用,可以清除口中异味。

7 奶酪

在一般规格的法式餐厅中,都有10～20种奶酪可供选择。食客可以从中选出2～3种,搭配面包或葡萄酒食用。

中间流程:
1 餐前开胃点心
2 前菜
3 汤
4 鱼类
5 粗冰沙
6 肉类
7 奶酪
8 甜品

2 前菜

前菜也叫作开胃菜或头盘,装盘精致,既有冷盘,也有热盘。前菜意味着就餐的开始。

4 鱼类

鱼类料理一般以鱼、贝类、田鸡等为食材。法国料理的汤品以味浓色白著称,因此一般选用白肉鱼。

6 肉类

这是以牛肉、鸭肉为食材的主菜。有烤、煎等多种烹调方法。

8 甜品

包括水果、小面包、蛋糕、水果挞等,配以咖啡或红茶食用。

法国料理的品尝顺序

法式餐厅的等级不同,其菜单的内容也不尽相同。但法式全餐的上菜顺序一般为:餐前小点或前菜(开胃菜)、汤、鱼类、粗冰沙、肉类、奶酪、甜品。中世纪时期的法国,当时人们的就餐习惯是一口气将所有的菜肴都摆上桌。后来人们为了能趁热或趁凉享受到美食,而逐渐将上菜程序改进成现在的形式。

此外,不得不提的是在法式餐厅就餐的礼仪:就餐时不可大声咀嚼,刀叉应从外侧开始使用,进餐过程中不可放下刀叉,如需中途离桌,应将刀叉摆成"八"字形等,作为最基本的就餐礼仪,都应牢记于心。

第 3 章
主菜中的肉类料理

法国料理的历史（18世纪—20世纪上半叶）

法国料理的革命时期，经历了从宫廷走向市井的过程

餐馆的出现

一直到18世纪中叶，法国一般百姓如需在外就餐，只能选择食堂或咖啡馆。当时的一种社会制度——基尔特制规定，咖啡馆中除了甜品，其他食物一概不得制作。因此当时的咖啡馆与今天的情形大为不同。1778年，当基尔特制被废止之后，方才出现了可以自由出售食物的餐馆。此后，贵族阶层在法国革命中日渐没落，因此而失业的厨师们开始大量开设餐馆。

用餐顺序的变革

18世纪时的法国并不像今天这样，逐道料理端上桌供人享用，而是10多盘料理一口气摆上餐桌。人们逐渐感觉到，精心烹制的料理因此而很快冷却，无法品尝到其最佳风味甚为可惜，于是开始寻求变革的方法。19世纪中叶，在俄国任职主厨的乌尔班·迪布瓦指出了这一点，新的用餐顺序便在俄国发端，并传到了法国。

大事记

● 法国大革命
（1789年）

● 维也纳会议
（1814年）

● 普法战争
（1870年）

● 巴黎万国博览会
（1900年）

● 第1次世界大战
（1914年）

● 全球经济危机
（1929年）

● 第二次世界大战
（1939年）

影响了法国料理业界的主厨们

安东尼·卡勒姆

(1783－1833年) 活跃于19世纪初，是著名主厨中的先驱人物。曾担任过皇帝、贵族的主厨。著有《19世纪法国料理》一书，被奉为法国料理业界的圣经。

奥古斯特·埃科菲

(1845－1935年) 曾与酒店之王恺撒·里兹携手，在伦敦、巴黎等地一流的酒店中，确立了法国料理的独特地位，曾获德国皇帝所封的"厨师之王"之名。

费尔南多·波因特

厨师界一代巨匠，是对法国料理业界贡献巨大的重要人物，曾培养出了保罗·博古斯等名徒。他继承了奥古斯特·埃科菲的理念，主张简化法国料理。拥有全球著名的餐厅"洛杉矶金字塔"，同时也是该餐厅的主厨。

Canard à l'orange avec gratin de pommes à la dauphinoise

柳橙酱汁鸭腿肉
搭配法式奶油焗土豆

柳橙酱汁带给油脂丰腴的鸭肉清爽口感

柳橙酱汁鸭腿肉
搭配法式奶油焗土豆

材料 (2人份)

鸭腿肉·····1片 (350克)
色拉油·····1/2小勺
黄油·····3克
盐、胡椒·····各适量

柳橙皮糖浆的材料
柳橙·····1个 (200克)
水·····50毫升
细白砂糖·····1大勺

法式奶油焗土豆的材料
土豆·····250克
大蒜·····1瓣
鲜奶油·····120毫升
牛奶·····80毫升
肉豆蔻·····少许
盐、胡椒·····各适量

柳橙酱汁的材料
柳橙汁·····100毫升
小牛高汤 (参考第38页) ·····
200毫升
红酒醋·····1大勺
A [白兰地·····2小勺
金万利酒·····4小勺
细白砂糖·····2小勺]
水·····2小勺
水玉米淀粉·····适量
黄油·····5克
盐、胡椒·····各适量

摆盘装饰的材料
水芹·····适量
柳橙果肉·····适量

要点
**鸭肉从冰箱中取出后,
必须静置至恢复常温**

烹调时间	难度
70分钟	★★★

01 制作橙皮糖浆。剥下柳橙皮,将其切成丝。⑪切丝之前,须将白膜剔除干净。

02 剥去柳橙表面的薄膜,取出其中的果肉,用于最后的装盘。剩下的柳橙芯可以用来榨汁,在制作柳橙酱汁时使用。

03 步骤01切好的柳橙皮丝放入水中加热,以去除苦味。待水烧开之后关火,将水换掉,再煮一遍。

04 将柳橙皮、水、细砂糖放入锅中,煮至柳橙皮透明。待锅中水分煮至快干时关火。

05 制作法式奶油焗土豆。将土豆切成4大块,再切成薄片,放入碗中,撒上1小撮盐,搅拌均匀。

06 将鲜奶油、牛奶、肉豆蔻、1小撮盐、少许胡椒放入另一个碗中。

07 用打蛋器将碗中所有材料搅拌均匀。

08 大蒜剥皮,切成2片,用横截面在焗烤盘的四周擦拭,以此将蒜油擦到盘壁上。然后再在盘子表面涂上一层黄油。

09 用力攥土豆,将其中的水分挤出,然后将其铺在焗烤盘中。

10 倒入步骤07的液体。⑬用刮勺轻轻翻动土豆,以便让其入味均匀。

11 将焗烤盘放入预热 180℃ 的烤箱中烤制约 25 分钟。

16 制作柳橙酱汁。锅中放入水、细砂糖，开大火加热，待呈现焦糖色时，将材料 A 倒入锅中。

21 待步骤 11 的材料烤出褐色之后，从烤箱中取出。用一个模具取出法式奶油焗土豆，用小锅铲拖住磨具底部，将其盛入盘中。

12 用刀将已恢复常温的鸭腿肉切去多余的油脂和筋，在鸭皮上划几道，取 1/4 小勺盐，均匀抹在鸭肉上。

17 待酒精挥发之后，倒入榨柳橙汁、小牛高汤并加热。待汤汁烧开之后转小火，煮至剩余原汤汁 2/3 的量。

22 将步骤 15 的鸭肉切成 5 毫米宽的薄肉片。㊱鸭肉较硬，因此不可切得太厚。

13 在平底锅中加热色拉油和黄油，将鸭皮煎成 5 分熟，鸭肉煎成 3 分熟。也可以放入烤箱中烤制。

18 将黄油、1 小撮盐、少许胡椒倒入锅中并搅拌。将水玉米淀粉倒入锅中，使汤汁变得浓稠。

23 将步骤 21 的奶油焗土豆、步骤 02 的柳橙果肉、步骤 22 的鸭肉摆放在盘中，将步骤 04 的糖浆浇在鸭肉的表面，在盘子四周倒上步骤 20 的酱汁，最后以水芹装饰。

14 用手指触摸鸭肉表面，如感觉有弹性则可取出。㊱如感觉鸭肉仍然很软，则需要继续加热。

19 将步骤 15 流出的鸭肉汁倒入步骤 18 的锅中并搅拌，加热至沸腾。

要点
一定要将鸭肉静置至恢复常温

如果肉被冷藏过，便很难煮透。另外，肉煎好之后静置一段时间，这段时间与煎制的时间相当。如此，表面的热度可以传递至内部，令口感更佳。

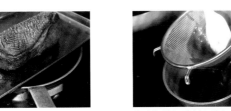

15 鸭皮朝上，放置于锅中温度在 40～60℃ 的位置上，放置时间与煎制时间相当，以便肉汁沉淀。

20 将煮好的汤汁倒入滤勺中，用刮勺往下压，以滤出澄清的汤汁。

鸭皮朝上静置，待其恢复常温。

烹制法国料理的诀窍与要点⑱

TPO（亚太城市旅游振兴机构）推荐的餐厅选择方法

根据餐厅名来判断预算及菜品

高级

一般

高级餐厅（grande maison）

餐厅内装潢精美，用餐需预约，着正装。这类餐厅以米其林三星餐厅居多。

餐厅（restaurant）

等级虽不如高级餐厅，但用餐也必须预约，着正装。其中多数餐厅只提供午餐及晚餐。

法式小酒馆（bistrot）

这类餐厅中虽然不乏须着正装方可用餐的高级餐厅，但也有相对平价的餐馆。还有一些以提供地方特色料理为主。

啤酒屋（brasserie）

无须预约即可前往用餐的休闲餐厅。在法语中，"brasserie"有"啤酒厂"之意。在这类小酒馆中，可以只点一道菜，或只点一杯酒。

甜品店（salon de the）

比咖啡馆高级的餐馆，是人们饮茶、吃甜品的去处。其中大部分全天营业，用餐气氛轻松。店中食品以蛋糕、蛋挞为主。

咖啡馆（café）

在咖啡馆中可以品尝酒和三明治，甜品也很丰富，是悠闲品茶的舒心选择。

当您困惑于如何选择餐厅……

可以参考以星级来评定法国餐厅的《米其林指南》（→第160页），或美国的《查氏餐馆调查》。《米其林指南》日本版（东京）创刊于2008年。

罗讷－阿尔卑斯大区里昂街头的餐馆。店名中的"BISTROT"证明其是一家法式小酒馆。

可以划分等级的餐厅

许多人因认为法式餐厅是高级、高消费的代名词，而对其敬而远之。但事实上，食客们可以从餐厅的名字判断出，这是一家必须着正装、预约方可入内的高级餐厅，还是用餐氛围轻松的平价餐厅。近年来，在日本也出现了不少可凭借店名判断其等级的餐厅。如果店名前、后缀"grande maison"或"restaurant"，说明这是一家必须预约，着正装用餐的餐厅。而前、后缀"bistrot"或"brasserie"的，则基本不拘于这些礼节，可轻松用餐。

除了名称之外，不同餐厅的服务也各不相同。也许前一家用餐的餐厅可免费提供矿泉水、黄油、面包，但到了另一家餐厅则必须付钱方可享受。建议您事先做好攻略，以免尴尬。

Paupiette de poulet à la julienne de légumes
sauce suprême

法式鸡肉卷
搭配奶油咖喱酱汁

双色酱汁令美味升级

法式鸡肉卷搭配
奶油咖喱酱汁

材料 (2人份)

鸡胸肉……2大块 (400克)

肉汤 (参考第78页) ……1000

毫升

百里香……1根

月桂叶……1片

盐,胡椒……各适量

蔬菜馅料的材料

洋葱……80克

胡萝卜……50克

生菜……2片 (40克)

蘑菇……2个 (15克)

蛋黄……1个

肉汤……50毫升

鲜奶油……2大勺

黄油……15克

盐,胡椒……各适量

奶油咖喱酱汁的材料

鲜奶油……5大勺

肉汤……从上述材料中取150毫升

水玉米淀粉……适量

咖喱粉……1/2小勺

黄油……5克

盐,胡椒……各适量

摆盘装饰的材料

细香葱……适量

要点
鸡胸肉必须
厚薄均匀

烹调时间	难度
80分钟	★★★

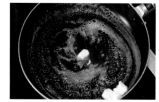

02 平底锅中放入黄油加热。

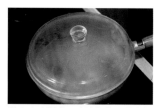

07 撒入1小撮盐、少许胡椒,盖上锅盖,小火煮5分钟。

03 待黄油融化之后,放入洋葱丝、胡萝卜丝并翻炒。⑭可以在蔬菜中撒些许盐,以加速炒熟。

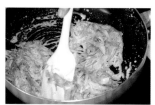

08 倒入鲜奶油,搅拌至水分蒸发。

04 锅中蔬菜炒软之后,加入蘑菇翻炒。

09 关火,将蛋黄倒入锅中搅拌,调入盐、胡椒。⑭蛋黄遇热容易凝固,应在关火后倒入锅中。

01 制作蔬菜馅料。将洋葱切成2～3厘米宽的细丝,蘑菇切成2～3厘米宽的条状,胡萝卜、生菜切丝。

05 待蘑菇稍微炒上色之后,放入蔬菜翻炒。

06 待锅中所有蔬菜炒软之后,倒入肉汤。

10 将锅中材料倒入碗中,并隔着冰水冷却。

11 将鸡胸肉中多余的筋、皮和油脂切除。

12 刀从鸡胸肉较厚的部分切入，将肉平行切成两片。

17 将鸡肉卷包裹成糖果的形状，两头用细绳收口、系紧。另一块鸡胸肉也用相同方法处理。

22 将做好的酱汁中的3/4用筛网过滤。

13 取一张保鲜膜覆住鸡胸肉，用擀面杖捶打，使其厚薄均匀。捶打完毕之后，取下上方的保鲜膜，将切口的一面朝下放置。

18 锅中放入肉汤、百里香、月桂叶、1小撮盐、少许胡椒，开火加热。

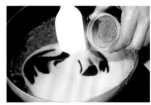

23 在锅中剩余的1/4酱汁中加入咖喱粉并搅拌，然后再用筛网过滤。

14 在朝上的一面撒上1/4小勺盐、1小撮胡椒，用手抹匀，再用刮勺将步骤10中一半量的材料均匀地摆放其上。

19 当水温升高至75℃时关火，加入步骤17的材料，转小火，使锅中温度保持在70~75℃，如此煮制约25分钟，其间不时翻转鸡肉卷，使之加热均匀。

24 解开包覆在步骤19鸡肉卷表面的漂白布，将鸡肉卷斜切成1厘米宽的肉片。

15 从靠近自己的一侧开始，将保鲜膜连同鸡肉一起卷起，注意紧实度，避免空气进入其中。卷完之后，扭紧两头，调整形状，尽量使整条鸡卷粗细均匀。

20 制作奶油咖喱酱汁。将步骤19的材料捞出，锅中的肉汤煮至剩余150毫升，加入黄油、鲜奶油加热至融化。

25 将步骤22的酱汁倒在盘子中，在正中摆放步骤24中切好的鸡肉片。再在步骤22的酱汁的周围点上一圈步骤23的酱汁。

16 取下包覆鸡肉卷的保鲜膜，用厨房漂白布裹紧鸡肉卷。裹的时候用刮片帮助卡紧，避免在漂白布与鸡肉卷之间留下空隙。

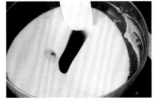

21 放入水玉米淀粉，加热至黏稠。调入1小撮盐、少许胡椒，搅拌均匀。

26 用牙签将滴在奶油酱汁上的咖喱酱汁连成心形，最后摆上细香葱加以装饰。

法国料理专用术语❶
—食材篇—

肉类

(agneau)	羔羊	(porccochon)	猪肉
(veau)	牛仔	(mouton)	羊
(canard)	鸭	(volaille)	鸡
(gibier)	野味,猎取来的鸟兽类的统称. 如野鹿,野猪,野兔,鸽子,鹌鹑等 (→第180页)	(dinde)	火鸡
(pintade)	珍珠鸡	(queue de bœuf)	牛尾
(poulet)	童子鸡	(poussin)	仔鸡
(foie gras)	肥鹅(或鸭)肝	(pigeon)	鸽子
(bœuf)	牛	(langue-de-bœuf)	牛舌

鱼贝类

(anchois)	鳀鱼剔除鱼头,内脏之后盐渍而成的咸鱼	(crustacé)	虾,蟹等贝类
(oursin)	海胆	(coquille Saint-Jacques)	扇贝
(espadon)	剑鱼	(sole)	比目鱼
(homard)	龙虾	(saumon)	鲑鱼
(calmar)	墨鱼	(daurade)	鲷鱼
(caviar)	鱼子酱,腌渍鱼子,多指鲟鱼子酱。	(moule)	贻贝
(goujon)	小淡水鱼。炸鱼条在法语中称 "goujonnettes"。	(huître)	牡蛎
(crabe)	螃蟹	(langoustine)	龙虾

蔬菜类

(ail)	胡萝卜	(ciboulette)	细香葱,形似韭黄,可入药。
(asperge)	芦笋	(chou)	圆白菜
(artichaut)	洋蓟	(chou-fleur)	花椰菜
(endive)	玉兰菜 (→第42页)	(pomme de terre)	马铃薯
(échalote)	红葱头	(poivron)	甜椒
(épinard)	菠菜	(poireau)	韭葱
(aubergine)	茄子	(lentille)	扁豆
(oignon)	洋葱		

Choucroute

酸菜什锦香肠熏肉

此款阿尔萨斯地区的家庭料理起源于德国

酸菜什锦香肠熏肉

材料 (4人份)

猪肩肉块……100克
培根块……100克
4种香肠……各2根
土豆……70克
洋葱……70克
大蒜……1/2瓣
酸泡菜 (或盐渍圆白菜) ……300克
肉汤 (参考第78页) ……500毫升
白葡萄酒……100毫升
杜松子……4粒
月桂叶……1片
丁香……1根
黄芥末粒……适量
黄芥末……适量
猪油……1大勺
盐,胡椒……各适量

要点
须盖上锅盖
蒸煮

烹调时间	难度
100分钟	★★★

02 培根对半切,再切成5毫米厚。

07 大蒜剥皮,取出蒜芯,放在砧板下压扁,与猪油一起放入锅中加热。

03 猪肩肉切成4等分,撒上1小撮盐、少许胡椒。⑫切的时候应注意肥瘦相间。

08 大蒜爆香之后,放入培根和猪肩肉煎制。

04 土豆削皮,对半竖切,再放入装有水的碗中浸泡。

09 待肉片表面煎至褐色之后翻面,将另一面也煎至褐色。

05 将土豆切成上图中左边的样子 (右边为失败示范)。⑬将表面的凹凸削平,既可避免煮碎,又可在差不多的时间内煮熟。

10 放入步骤01的洋葱,翻炒至变软。

01 洋葱剥皮,切成2～3毫米厚。

06 将土豆煮到用竹签可轻松穿透的程度。煮土豆的水中不可放盐,以免煮碎土豆。

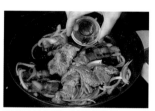

11 洋葱炒软之后,放入杜松子、丁香。

12 轻轻翻炒后，倒入全部白葡萄酒。

17 放入酸泡菜，盖上锅盖略煮片刻。

22 用筷子夹出月桂叶。⑯因酸泡菜最先盛盘，所以将香肠和土豆块暂时取出摆放在浅盘上。

13 在酒精挥发的同时，细细翻炒食材，将底部浓郁的汤汁翻到表面。

18 撒入盐、胡椒各少许以调味。

23 将酸泡菜摆放在盘中，浇上一些汤汁。再将猪肉、培根、洋葱盛入盘中。

14 倒入肉汤及月桂叶，盖上锅盖煮约1个小时，直到将猪肉煮软。

19 待酸泡菜煮软之后，将4种香肠摆放其上。

24 如香肠太大，可切成适宜入口的大小，并与土豆一同摆放在盘中。最后在旁边放上黄芥末粒与黄芥末。

15 待汤汁沸腾之后转小火，撇去表面浮沫。

20 将步骤06的土豆块擦干水，摆放在香肠旁边。

要点
使用之前先尝一下
酸泡菜的味道

事先尝一下酸泡菜的味道，如觉太酸，需用水洗过。如觉不够酸，可以调入一些醋。

16 煮制1个小时，汤汁量仅剩原来的1/3。如仍觉汤汁过多，可继续煮。

21 盖上锅盖，开小火煮5～6分钟。⑯不可用大火，否则香肠会裂开。

可以根据食客的口味来调节酸泡菜的酸度。

猪肉制品店在法国随处可见

法语中称为"charcuterie"的猪肉制品店,当地人经常光顾

什么是猪肉制品店
Charcuterie

"charcuterie"在法语中既是猪肉制品之意,也可用来指以出售香肠、肉酱、熟肉酱、火腿、肉冻为主的商店。在这里,除了猪肉制品之外,还可以买到家常菜。在法国,这样的猪肉制品商店随处可见,当地出产的特色食品也是店中的招牌。

猪肉制品商店中陈列着丰富的猪肉及其加工食品。

您可以在猪肉制品商店中买到

香肠

猪肉香肠、香草香肠、法国西南部图卢兹的香肠等。

肉酱/熟肉酱

将猪肉和蔬菜剁碎,经长时间熬煮而成。这是一道地道的法国料理,在法国的许多商店中都可见其身影。

有些地区的商店中还可见到外国进口食品

阿尔萨斯大区与德国接壤,可以买到产自德国的香肠。此外,法兰克福香肠、生香肠等种类也很丰富。

出身法国的香肠

在法国各地的城市中,有各种蛋糕店和蔬果店。与它们并驾齐驱的,还有主要出售猪肉及其加工食品的商店。这些商店在法语中称为"charcuterie",与市场(marché)和干酪商店(fromagerie)一样,都是法国人生活中非常重要的部分。人们在这类商店中,可以买到使用猪肉制作的家常菜,以及生火腿、培根、肉冻、香肠等食品。

说起香肠,相信首先浮现在您脑海中的,是德国法兰克福香肠。然而法国血肠在当地相当有名。这是一种使用猪血和肥肉制成的黑色香肠,所用的材料中还包括葡萄干和白兰地。里昂地区的里昂那香肠,以及将猪肉末和内脏填进猪肠制作而成的猪肉香肠,都是法国著名的特产。

Confit de cuisse de poulet

油封鸡腿

利用文火慢慢熬煮而成，肉质软嫩爽滑

油封鸡腿

材料 (2人份)
带骨鸡腿……2根 (450克)
大蒜……1瓣
百里香……1片
月桂叶……1片
色拉油……500毫升
猪油……500克

料汁的材料
百里香……1根
月桂叶……1片
丁香……2根
三温糖……30克
水……1000毫升
粗盐 (或精盐) ……50克
黑胡椒粒……1克

水煮扁豆的材料
扁豆 (橙色) ……80克
扁豆 (茶色) ……80克
特级初榨橄榄油……1小勺
盐,胡椒……各适量

玉兰菜沙拉的材料
玉兰菜……4片 (40克)
苹果……20克
原味酸奶……2大勺
蛋黄酱……1小勺
羊乳干酪……25克
盐,胡椒……各适量

摆盘装饰的材料
水芹……适量

要点
锅中温度应保持在临沸腾的状态

烹调时间	难度
300分钟	★★★

不含鸡腿腌制时间。

01 黑胡椒粒放入研钵中碾成粉末。

02 用竹签或金属签在鸡腿肉表面扎出细孔, 数量越多越好。⑪在鸡腿表面扎孔, 有助于腌制时入味。

03 制作料汁。锅中放入百里香、月桂叶、丁香、三温糖、步骤 01 的黑胡椒末、粗盐、水并加热。

04 待粗盐溶化之后关火, 倒入碗中, 隔着冰水冷却。

05 将鸡腿放入浅盘中, 将步骤 04 的料汁倒入其中, 覆上保鲜膜, 在冰箱中冷藏 24 小时。

06 将鸡腿从冰箱中取出, 用水洗净, 擦干水。

07 锅中放入色拉油、猪油、百里香、月桂叶、大蒜, 开大火加热。

08 将温度计插入步骤 07 的锅中, 当升温至 70 ~ 80℃ 时, 将鸡腿肉放入锅中。保持这一温度, 煮约 4 个小时。表面澄澈的油分可以继续使用。

09 ⑪如要保存, 可以将鸡腿放在浅盘中, 舀出锅中浮在上层的澄澈油分, 没过鸡腿肉即可。如此放入冰箱可保存 1 个月。

10 制作水煮扁豆。将橙色扁豆洗净, 并用滤勺沥干水分。

11 锅中放入步骤 10 的扁豆，倒水没过扁豆，用小火煮 15 ~ 20 分钟，将其煮软。

16 待一面煎成褐色之后翻过鸡腿，将另一面也煎至褐色。

21 将玉兰菜、苹果放入碗中，将羊乳干酪捏碎撒入碗中。

12 待水煮干之后，撒入 1/2 小勺盐、1 小撮胡椒并搅拌。

17 将煎好的鸡腿用厨房纸巾吸干多余油分。

22 用筷子在碗中上、下大幅搅拌，将碗中材料搅拌均匀。

13 倒入特级初榨橄榄油并搅拌。茶色的扁豆也依此法制作。

18 制作玉兰菜沙拉。将玉兰菜一片片摘下，切成一口大小。

23 将步骤 13 的水煮扁豆盛入盘中，将步骤 22 的玉兰菜沙拉摆放在扁豆旁边，将步骤 17 的煎鸡腿置于其上，最后用水芹装饰。

14 将步骤 08 中多余的油倒入锅中，鸡腿带皮的一面朝下放入锅中煎。

19 苹果洗净后，带皮切成厚 1 毫米的苹果片。

要点
如何做好
油封鸡腿

高温烹煮会导致鸡肉中的蛋白质凝固，肉质变得粗硬。因此应使用文火，锅中油温保持在 70 ~ 80℃，避免其沸腾。

15 可以倾斜锅身，以便煎得更加均匀。

20 将原味酸奶，蛋黄酱、盐、胡椒各 1 小撮放入碗中，用筷子混合搅拌。

建议准备一个温度计来监控油温。

投身法国料理,贡献各种香味
种类丰富的香料,或口味辛辣,或外表可爱

小茴香
伞形花科植物的种子,芳香爽利,是制作咖喱粉、辣椒粉的原料。还可以用来为咖喱和蒸粗麦粉增添风味。

杜松子
杜松子树的莓果,散发树脂般的香气,味略苦,用于去除食物中的腥膻味。此外,还可以用来作为蒸馏酒的香料。

藏红花
藏红花的雌蕊,从1朵藏红花上仅取3个柱头,因此价格昂贵,带有浓郁的香气,可作为黄色染色剂,用来烹制西班牙海鲜饭。

丁香
由常绿树的花苞干燥而成,带有浓烈的香味。烹制时将其插入洋葱或其他食材中,以便随时取出。

卡宴辣椒粉
将辛辣的辣椒研磨成粉,只需少量使用便可起到调味作用。与烹制贝壳类料理时使用的美式酱汁是很好的搭档。

粉红胡椒
在法语中被称为玫瑰色胡椒。与一般胡椒不同,粉红胡椒是用胡椒木的果实干燥而成,用来装饰料理。

香料的四种主要作用

　　在亚洲,人们常用的香料是辣椒、胡椒、山椒。而法国料理中则一定要使用黑胡椒、肉豆蔻、丁香,还常用到卡宴辣椒、小茴香等香料。此外还有混合了多种香料的普罗旺斯香草,以及其他各种混合香料。

　　香料主要有增香／色、添风味／辣味、杀菌、除臭四大作用。小茴香、胡椒用来为料理增添香味和风味;胡椒、辣椒等辛辣的香料用于为料理调味;藏红花、姜黄则是用来调色的香料。像茴香那样香味浓郁的香料,与香草一样都是放在鱼贝类料理中消除腥味的。

Porc façon de la vallée d´Auge

法式风味炖肉

卡尔瓦多斯酒的醇香悠悠散发

法式风味炖肉

材料 (2～3人份)

五花肉块……500克
小洋葱……4个 (160克)
小苹果……2个 (600克)
小牛高汤 (参考第38页) ……
150毫升
卡尔瓦多斯酒……1大勺
苹果酒……200毫升
百里香……1根
月桂叶……1片
水玉米淀粉……适量
黄油……15克
色拉油……1小勺
盐,胡椒……各适量

要点
最后用大火煎面包片

烹调时间	难度
200分钟	★★★

小洋葱在使用之前必须在水中浸泡。

02 用刀将小洋葱的皮剥去, 在尾部的中央划出一个十字切口。⑱如此可方便入味。

03 切去吐司面包的四条边, 对半切开, 再对半斜切, 如此得到4片直角三角形的面包片。

04 将面包片的三个角切出弧形, 将每片面包都切出心形。

05 欧芹切碎。⑱必须用水洗净, 彻底去除水分后再摘下菜叶, 将菜叶聚合在一起用菜刀切碎。

01 将小洋葱带皮在水中浸泡约1个小时。⑱洋葱皮泡软之后更好剥。

06 苹果去核, 用削皮器 (参考第222页) 削去苹果皮。

07 将削了皮的苹果对半切开, 去籽, 再切成12等分。

08 将五花肉切成4～5厘米长的肉块。

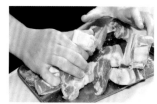

09 将五花肉块放入浅盘中, 撒上1/2小勺盐, 1小撮胡椒, 用手在五花肉块上抹匀。

10 将5克黄油与色拉油放入锅中加热。

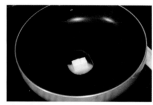

11 待黄油变成茶色后, 放入步骤09的五花肉块, 将每一块肉的六面都煎出褐色。

12 将炒好的五花肉块放在厨房纸巾上，吸去多余的油分。

17 待微微沸腾之后，将百里香和撕碎的月桂叶放入锅中，撇去汤汁表面的浮沫。

22 锅中放入水玉米淀粉勾芡。

13 将10克黄油放入锅中，加热至变为茶色。

18 待浮沫撇尽之后盖上锅盖，改小火继续煮约2个小时（高压锅只需20分钟左右）。

23 制作心形面包片。平底锅中放入黄油和色拉油并加热，待黄油融化之后，放入步骤04的面包片。

14 将小洋葱和一半的苹果片放入锅中翻炒。

19 煮好之后，用汤勺将汤汁表面3～4毫米的油层撇去。

24 待面包片煎至金黄之后，将另一面也煎至金黄，然后取出放在厨房纸巾上。⑬为了去除多余的油分，直到最后才用大火煎。

15 待小洋葱和苹果都炒出褐色之后盛出，再放入剩余的一半苹果翻炒。

20 将步骤15中盛出的苹果和小洋葱放入锅中，盖上锅盖，用小火煮约30分钟。

25 用面包片的尖角蘸一些步骤22的汤汁，再将步骤05的欧芹涂在其上。

16 锅中放入步骤15的材料及步骤12的五花肉块，倒入卡尔瓦多斯酒、苹果酒、小牛高汤。

21 煮至用竹签可以轻松穿透五花肉块和小洋葱即可。

26 将步骤22的五花肉块、苹果、小洋葱盛入盘中，浇上汤汁。最后将步骤25的面包片摆在周围，面包尖朝上。

诺曼底大区的特色

诺曼底大区的东、西部各有不同的风情

上诺曼底大区

瑟堡　　　　　　　怀特勒村塔　　迪耶普
　　　　　　勒阿弗尔　　鲁昂
　　　巴约　　卡昂　　　　　吉维尼
　　　　多维尔　　　翁弗勒尔
　　　　　卡蒙贝尔
下诺曼底大区　　阿朗松

地方特色料理

诺曼底风味煮贻贝
这是与黄油和鲜奶油一起煮制而成的料理，其中的贻贝也可以换成比目鱼或鸡肉。

诺曼底大区距离巴黎市中心约80千米，东部为上诺曼底大区，西部为下诺曼底大区。

位于下诺曼底北部的卡昂街景。

凤螺
这是海螺的一种，在清水中迅速煮过，挤上柠檬汁食用。蘸取蛋黄酱或其他酱汁食用，风味更佳。

卡蒙贝尔奶酪的发源地

采用诺曼底奶牛出产的无杀菌牛奶，以传统制法制造的奶酪，称为A.O.C.（→第222页）奶酪。

卡蒙贝尔村作为卡蒙贝尔奶酪的发源地而闻名。

猪肉香肠搭配沙拉
诺曼底出产的猪肉香肠（→第116页）是以山毛榉树为燃料熏制而成。

法国是许多世界知名的苹果酒及奶制品的原产地

诺曼底大区地处高纬度，遥望英吉利海峡，气候温暖，牧草地辽阔，是一片富饶的土地。

以卡昂为中心的西部下诺曼底大区是农业区，奶酪、黄油、鲜奶油等奶制品产业发达。当地还盛产苹果，以苹果为原料酿制的苹果起泡酒、蒸馏酒卡尔瓦多斯酒便成为此地的特产。法国料理中凡是冠以"诺曼底风味"的菜肴，都是将食材与黄油、鲜奶油、苹果、苹果酒、卡尔瓦多斯酒一起烹调而成。此类料理的外观较为清淡。

而东部的上诺曼底大区则是渔业发达的地区，比目鱼产量很大。位于上诺曼底大区中心的鲁昂采用以传统方法喂养的鸭子为食材烹制的料理，肉质较红，深受食客喜爱。

Porc rôti aux figues

烤猪肉配红酒调味汁及
西葫芦慕斯

优雅地品尝蒜香四溢的猪肉料理

烤猪肉配红酒调味汁及西葫芦慕斯

材料 (2~3人份)

猪肩肉块……500克
洋葱……40克
胡萝卜……30克
芹菜……20克
土豆……2个 (300克)
小洋葱……8个 (320克)
大蒜……6.5瓣
欧芹……1.5根
黄油……5克
色拉油……1小勺
盐,胡椒……各适量

西葫芦慕斯的材料 (直径7厘米的布丁杯的量)

洋葱……30克
西葫芦……120克
牛奶……50毫升
鸡蛋……2个
鲜奶油……100毫升
黄油,盐,胡椒……各适量

红酒调味汁的材料

红酒……100毫升
肉汤 (参考第78页)……300毫升
小牛高汤 (参考第38页)……75毫升
水玉米淀粉……适量
盐,胡椒……各适量

要点
用作配菜的蔬菜应二次炒制

烹调时间	难度
100分钟	★★★

※小洋葱须事先在水中浸泡。

01 欧芹切碎,大蒜取1.5瓣剥去皮,去蒜芯,切碎。⑱小洋葱带皮在水中浸泡约1个小时。

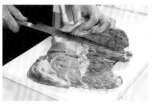

02 将整块猪肩肉用刀切成1.5厘米厚,撒上1/2小勺盐,1小撮盐。

03 将大蒜和欧芹抹在猪肩肉表面,用手抹匀。⑱大蒜和欧芹不仅可以除肉腥味,还可增香。

04 将猪肉仔细卷成细长条。⑱卷成细长条有助于尽快煎熟。

05 用细绳捆扎。参考第142页的方法,将细绳圈出环状挂在手上,手抓住猪肉卷,每隔3~4厘米捆扎一圈。

06 将洋葱、胡萝卜、芹菜分别切成8毫米的小块,取1瓣大蒜剥皮,去蒜芯,放在砧板下压扁。

07 在烤盘上铺一张烤盘纸,将蔬菜铺于其上。

08 土豆洗净,带皮切成3厘米的土豆块。小洋葱剥皮洗净,取4瓣大蒜,带皮备用。

09 在锅中加热色拉油和黄油,将步骤05的猪肉卷倒入,在其两侧分别放入小洋葱、土豆、大蒜,炒至褐色。

10 将步骤09的猪肉卷放在步骤07的蔬菜中央,将其他蔬菜摆放在其两侧,放入预热180℃的烤箱中烤制约20分钟。

11 制作西葫芦慕斯。将洋葱和西葫芦切成厚2毫米的薄片。

12 将直径 7 厘米的布丁杯放在蛋糕纸上，沿着杯底的形状裁下蛋糕纸。

17 将适量黄油抹在布丁杯内壁，将步骤 12 的蛋糕纸铺在杯底，再铺上事先取出的西葫芦，注入步骤 16 的材料。

22 制作红葡萄酒调味汁。将步骤 21 的蔬菜放入锅中，倒入红葡萄酒并加热。⑱如加入步骤 21 中过滤出的肉汁，味道更佳。

13 锅中加热 10 克黄油，待其融化之后放入洋葱翻炒。

18 在一个大浅盘中铺一层厨房纸巾，将布丁杯摆放其上，注入热水至布丁杯一半的高度。放入预热 170℃ 的烤箱中，烤制约 20 分钟。

23 倒入肉汤和小牛高汤，用滤勺滤过，放入少许盐、胡椒，以及水玉米淀粉。

14 待洋葱炒软之后，放入西葫芦片，调入 1 小撮盐、少许胡椒。

19 将步骤 10 的土豆、小洋葱、大蒜取出，将猪肉卷放回烤箱，继续烤制约 20 分钟。

24 将猪肉卷切成 1 厘米厚，盛放在盘中。在其周围摆放步骤 18 的慕斯，步骤 19 的蔬菜，浇上步骤 23 的调味汁。

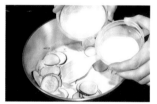

15 倒入牛奶、鲜奶油，煮 7 ~ 8 分钟，直至蔬菜变软后，取出冷却。⑰将锅中汤汁煮至刚没过蔬菜的量即可。

20 如猪肉卷中央的温度超过 70℃，或用竹签插入其中时有透明汁液流出，便说明肉已烤好。此时用锡箔纸将猪肉卷包住以保温。

要点
只需一点时间即可令配菜风味升级

将小洋葱、土豆、胡萝卜从烤箱中取出之后，如在锅中二次翻炒，可令蔬菜更美味，而且看起来也更美观。

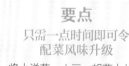

16 在搅拌机中放入步骤 15 的材料及 2 个鸡蛋，搅拌至顺滑状态。⑯事先取 4 片西葫芦片，以备铺在布丁杯底。

21 将烤盘上剩余的洋葱、胡萝卜、芹菜倒入滤勺，滤去多余的油分。⑪撇去上层的浮油，底下的肉汁可以放入调味汁中。

开大火将蔬菜炒出褐色。

牛肉的部位及牛里脊的构造

详细剖析牛里脊的结构

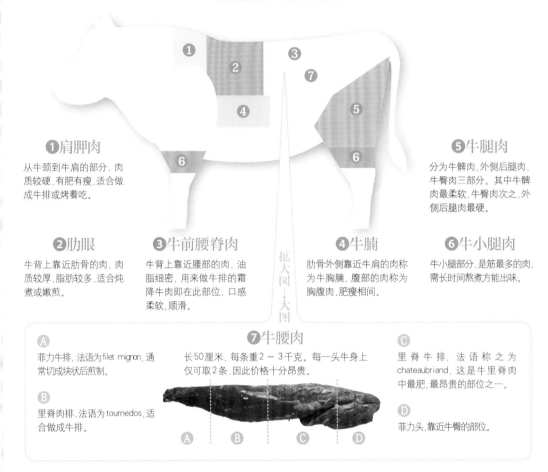

❶肩胛肉

从牛颈到牛肩的部分,肉质较硬,有肥有瘦,适合做成牛排或烤着吃。

❷肋眼

牛背上靠近肋骨的肉,肉质较厚,脂肪较多,适合炖煮或嫩煎。

❸牛前腰脊肉

牛背上靠近腰部的肉,油脂细密,用来做牛排的霜降牛肉即在此部位,口感柔软、顺滑。

❹牛腩

肋骨外侧靠近牛肩的肉称为牛胸腩,腹部的肉称为胸腹肉,肥瘦相间。

❺牛腿肉

分为牛髀肉、外侧后腿肉、牛臀肉三部分。其中牛髀肉最柔软,牛臀肉次之,外侧后腿肉最硬。

❻牛小腿肉

牛小腿部分,是筋最多的肉,需长时间熬煮方能出味。

扩大图→大图

❼牛腰肉

长50厘米,每条重2～3千克。每一头牛身上仅可取2条,因此价格十分昂贵。

Ⓐ 菲力牛排,法语为 filet mignon,通常切成块状后煎制。

Ⓑ 里脊肉排,法语为 tournedos,适合做成牛排。

Ⓒ 里脊牛排,法语称之为 chateaubriand,这是牛里脊肉中最肥,最昂贵的部位之一。

Ⓓ 菲力头,靠近牛臀的部位。

每个国家对牛肉部位都有不同的命名

根据牛肉不同部位的肉质来选择烹调方式,可使牛肉更加美味。比如,肋眼的霜降牛肉部分适合做成牛排,小腿肉较硬的部分适合炖煮。

本书所介绍的红酒炖牛肉(→第133页)中,使用了牛腩、肩胛肉;啤酒炖牛肉(→第136页)则使用了牛腩、牛腿肉等。但世界各国对牛的部位命名不同,部位分割方式也不同,因此很难统一称谓的标准。比如被日本人称为胸腹肉(tomobara)的牛腹部,在法国则习惯进一步细分成胸腩、胸腹等4个部分。另外,法国人还将一头牛身上仅有的里脊牛排称为 Chateaubriand(夏多布里昂),这正是以法国著名美食家的名字命名的。

Filet de bœuf et foie gras poêlés,
sauce aux figues

无花果酱菲力牛排搭配鹅肝

简单的烹调方式将美味锁定在料理中

无花果酱菲力牛排
搭配鹅肝酱

材料 (2人份)

牛里脊肉……200克
鹅肝……2片 (100克)
黄油……5克
色拉油……1小勺
高筋面粉,盐,胡椒……各适量

烤蔬菜的材料

紫洋葱……1/4个 (60克)
莲藕……20克
茄子……40克
红甜椒……40克
南瓜……40克
大蒜……4瓣
橄榄油……1大勺
盐,胡椒……各适量

无花果酱的材料

半干无花果……1个
红葱头 (或洋葱)……10克
波尔图酒……4小勺
红葡萄酒……2大勺
小牛高汤 (参考第38页)……
100毫升
黄油……20克
盐,胡椒……各适量

摆盘装饰的材料

芝麻菜……适量

要点
肉煎好后需静置。
静置时间与煎制时间相当

烹调时间	难度
60分钟	★★★

※ 无花果须另行泡发。

02 锅中放入15克黄油加热,待其融化之后放入红葱头,仔细翻炒。⑪待其浓郁的爆香消失,并炒出甜味即可。

07 制作烤蔬菜。取出红甜椒籽,白膜用刀切去,并切成2厘米宽。

03 待红葱头炒至茶色之后,倒入波尔图酒和红葡萄酒。
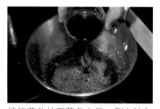

08 南瓜切去瓤,切成厚1厘米的南瓜片。

04 待酒精挥发之后,倒入步骤01的无花果。

09 紫洋葱切成厚1厘米的洋葱片。

05 倒入小牛高汤,待其沸腾之后改小火,将汤汁煮至原来的1/3的量。

10 莲藕削皮,切成厚5毫米的莲藕片,浸入加了醋的水中。

01 制作无花果酱。将半干无花果在温水中浸泡约30分钟后取出,切成1厘米小块。⑪红葱头切碎。

06 煮到上图中的状态之后,放入5克黄油,仔细搅拌使之融化。最后撒入少许盐、胡椒并搅拌。

11 切去茄子的尾部,切成厚5毫米的薄片,泡入水中。

12 大蒜切碎，泡入橄榄油中搅拌。

17 将步骤 12 的材料用汤匙浇在牛里脊肉上，撒上 1 小撮盐和胡椒。

22 开火将锅烧至高温，放入鹅肝，将其煎至褐色。⑬请勿频繁翻动鹅肝，应待一面煎至褐色之后，再翻过来煎另一面。

13 将步骤 12 的材料浇在步骤 07 的红甜椒、步骤 08 的南瓜、步骤 09 的紫洋葱、步骤 10 的莲藕、步骤 11 的茄子上，撒上 1 小撮盐、少许胡椒调味。

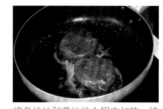

18 将色拉油和黄油放入锅中加热，待黄油融化之后放入牛里脊肉，参考第 132 页的方法，将肉煎至满意的状态。

23 将煎好的鹅肝放在厨房纸巾上，吸去多余的油分。

14 将步骤 13 的材料放入条纹煎锅(→第 12 页) 中烤制。⑫待烤出褐色之后，将材料转动 90°，以便在其表面烤出网格花纹。

19 取出煎好的牛里脊肉，摆放在铁架上，放在较温暖的地方静置。静置时间与煎制时间相当。然后将其放在厨房纸巾上，去除多余的油分。

24 将步骤 15 的蔬菜、步骤 19 的牛肉、步骤 23 的鹅肝盛放在盘中，将步骤 06 的无花果酱浇在上述材料的旁边，最后摆上芝麻菜。

15 待材料表面烤出网格花纹之后，放在厨房纸巾上，去除多余的油分。

20 将鹅肝放在浅盘上，均匀地撒上 1 小撮盐、少许胡椒。

要点

将煎好的牛里脊肉静置一段时间，以令其更加美味

将煎好的牛里脊肉静置，静置时间与煎制时间相当，可以让肉汁充分渗入肉中，令肉呈现出淡红色，不仅摆盘美观，口味亦更佳。

16 将恢复常温的牛里脊肉放在浅盘上，用厨房纸巾吸干其水分。

21 在步骤 20 的鹅肝表面轻轻覆上高筋面粉，并将多余的面粉拍落。

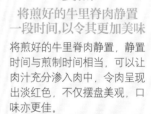

鲜嫩多汁的菲力牛排。

从近生到全熟,看法国人如何定义煎牛排的生熟度

基于法式烹调方式,尝试选择自己满意的熟度

á point
~5~6分熟~

横截面

将牛排两面各煎至3分熟,表面可见血丝,侧面略带褐色。牛排整体呈粉色。

bleu
~近生~

横截面

牛排两面各煎1分半钟,表面虽呈现褐色,但仍留有若干红色部分,牛排内部基本还是生的。

bien cuit
全熟

横截面

牛排两面各煎8分钟,将其煎透,切下的横截面呈现浅粉色。牛排表面如有少量血渗出,可用厨房纸巾除去,煎至不再有血渗出即告完成。

saignant
三分熟

横截面

牛排正面煎2分半钟,反面煎3分钟,当表面微微有血渗出时即可。横截面上、下层为生,中央则呈粉色。

※选用恢复常温,重100克,厚3厘米的牛肉。

法国人与日本人心目中美味的肉类

　　法国人喜欢选择脂肪少、瘦肉多的肉,而日本人则喜欢肥、瘦相间的霜降牛肉,因其肉质鲜嫩,口感上佳。若论日本的高档牛肉,不能不提松坂牛、近江牛。法国也不乏此类高档"品牌"牛,比如勃艮第大区的夏洛来牛,因牛肉中的脂肪含量低,肉质细腻而闻名遐迩,是品质甚高的品种。

　　若掌握了一定的诀窍,便可以用肉眼来识别肉质的优劣。首先需要观察肥、瘦肉的颜色,瘦肉的颜色越鲜艳,说明肉质越新鲜。如果脂肪颜色发黄,最好不要购买。建议选择横截面细腻、紧致,触感有弹性的牛肉。

Bœuf Bourguignon

勃艮第风味红酒炖牛肉

这是一道足以令人沉醉在红酒悠远余韵中的料理

勃艮第风味红酒炖牛肉

材料 (2人份)

牛肉 (肩胛肉或牛腩) 块……500克

洋葱、胡萝卜、芹菜、大葱……共计150克

大蒜……1瓣

红葡萄酒……430毫升

月桂叶……1片

欧芹……1根

黄油……15克

色拉油……1大勺

水煮番茄 (整个) ……180克

小牛高汤 (参考第38页) ……200毫升

水玉米淀粉……适量

盐、胡椒……各适量

配菜的材料

培根……20克

小洋葱……4个 (15克)

蘑菇……2个 (15克)

水……适量

白糖……2小勺

黄油……15克

盐、胡椒……各适量

摆盘装饰的材料

切碎的欧芹……适量

要点

煮至汤面上出现浮沫

烹调时间	难度
240分钟	★★★

01 用刀剔除牛肉上多余的筋和脂肪，并切成5厘米的肉块。⑫小洋葱连皮在水中浸泡1个小时。

02 将洋葱、胡萝卜、芹菜、大葱分别切成1厘米的小块，大蒜剥皮，放在砧板下压扁。

03 ⑬碗中放入步骤01、02的材料、月桂叶、欧芹茎、250毫升红葡萄酒，覆上保鲜膜，放入冰箱中冷藏1天。

04 从冰箱中取出后倒入滤勺，将汤汁和食材分离，取出牛肉放在浅盘上，用手挤出其中的水分，并用厨房纸巾或布将水分擦干。

05 用手将1/2小勺盐、1小撮胡椒抹在牛肉表面。

06 锅中加热色拉油和5克黄油，放入牛肉，煎至整个表面呈现褐色，取出放在浅盘上。

07 将10克黄油放入锅中，放入步骤04中分离出的蔬菜，翻炒至呈现褐色。

08 将步骤04中分离出的汤汁倒入锅中煮沸，在滤勺上盖一张厨房纸巾，将煮沸的汤汁倒入，滤出汤面上的浮沫。⑭汤汁应在锅中煮到汤面布满浮沫为止。

09 将180毫升红葡萄酒倒入锅中加热，用小火慢慢煮至剩余30毫升。

10 锅中依次放入步骤07的蔬菜，步骤06的牛肉。

11 放入步骤08的汤汁，以及滤过的水煮番茄，开大火加热。

12 倒入小牛高汤，搅拌并将其煮沸。

17 待牛肉取出之后，将步骤16锅中的汤汁继续煮至剩余300毫升左右，然后放入水玉米淀粉加以勾芡。使用高压锅时，操作方法亦相同。

22 在另一个锅中放入10克黄油和白糖，开火加热。待二者在锅底融化并呈现茶色时，放入小洋葱。

13 沸腾之后，撇去浮沫，并用汤勺将表面的浮油舀去。

18 将步骤17的汤汁用滤勺过滤，加入步骤09的材料，调入盐、胡椒。

23 在锅中倒入水，直至没过材料表面，调入1小撮盐、少许胡椒。继续煮至小洋葱变软，锅中水分煮干。

14 将蛋糕纸裁成锅口大小，覆在锅中的食材上，放入预热160℃的烤箱中，烤制约3个小时（高压锅则需加热约30分钟）。

19 制作配菜。在小洋葱头的部位用刀划出十字形。

24 将步骤16的牛肉摆放在盘中，浇上步骤18的酱汁，在牛肉周围摆上步骤21的培根、蘑菇，步骤23的小洋葱，最后撒上切碎的欧芹作为装饰。

15 煮至用竹签能够轻松穿透牛肉为止。⑬如锅中水分太少，可加水至没过食材表面。

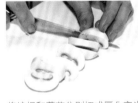

20 将培根和蘑菇分别切成厚5毫米的薄片。⑫蘑菇须事先用刷子刷净，并切除蘑菇蒂。

要点
如何将牛肉煎出诱人的色泽

如果牛肉中的含水量太高，是无法煎出诱人色泽的。因此，应用手将腌制好的牛肉中的水分挤出，然后将其放在毛巾上，吸干其中的水分。

16 双手分别持漏勺和刮勺，将步骤15的牛肉从锅中取出，放到另一个锅中。⑪牛肉应慢慢取出，以防碎掉。

21 平底锅中加热5克黄油，放入培根和蘑菇，将两面都翻炒出褐色，撒上1小撮盐、少许胡椒。

在牛肉的上、下方各放一层毛巾，以吸干其中的水分。

Carbonade à la flamande

啤酒炖牛肉

微苦的啤酒与美味牛肉的完美组合

要点
须用小火
慢慢炖煮

烹调时间	难度
*240*分钟	★★★

材料 (2人份)

牛肉 (肩胛肉,牛腩,腿肉均可) 块……400克
洋葱……1.5个 (300克)
大蒜……1瓣
水煮番茄 (整个) ……200克
小牛高汤 (参考第38页) ……200毫升
啤酒……200毫升
百里香……2根
月桂叶……1片
黄芥末……1小勺
红糖……1大勺
黄油……20克
色拉油……1小勺

盐,胡椒……各适量
制作鸡蛋面条的材料
胡萝卜……30克
四季豆……20克
鸡蛋……1个
低筋面粉……125克
啤酒……40毫升
白干酪……40克
切碎的欧芹……1大勺
黄油……8克
盐,胡椒……各适量

01 ㉑洋葱、胡萝卜削皮，切碎。

02 剔除牛肉上多余的筋和脂肪，切成
3厘米的小块。

03 将牛肉放在浅盘上，撒上1/2小
勺盐，1小撮胡椒，用手将牛肉与
调味料揉匀。

04 锅中放入色拉油和5克黄油加热，
待黄油变成茶色之后，放入牛肉，
开大火煎。

05 待煎成褐色之后翻面，将牛肉两面
都煎好。

06 将煎好的牛肉放在厨房纸巾上,吸去多余的油分。

11 陆续将步骤 06 的牛肉、滤过的水煮番茄、小牛高汤、红糖、百里香、月桂叶放入锅中,调入少许盐、胡椒,将锅中材料煮沸。

16 待面条漂起之后,将其与胡萝卜、四季豆一起捞出,放入冰水中,然后再利用漏勺将水分沥干。

07 在另一个锅中放入 15 克黄油,开中火加热。

12 煮约 3 小时,将牛肉煮软。

17 将黄油放入平底锅中加热,鸡蛋面条、四季豆、胡萝卜倒入锅中炒香,然后调入盐和胡椒。

08 待黄油融化成茶色之后,放入步骤01 的洋葱和胡萝卜,翻炒至变色。

13 将四季豆处理干净,切成 4 厘米的条状。

18 将步骤 17 的鸡蛋面条摆盘,步骤 12 的材料(已取出百里香和月桂叶)摆放在面条周围。⑱酱汁一定要煮至浓稠状态。

09 待洋葱炒成透明之后,倒入少量水,用刮勺将扒在锅底洋葱刮下,搅匀,继续翻炒至水分蒸发干。

14 将筛过的低筋面粉、鸡蛋、啤酒、白干酪、切碎的欧芹放入碗中,再撒入切碎的欧芹,1 小撮盐、少许胡椒,并仔细拌匀。

✕ 错误

牛肉块不见了!

长时间炖煮的牛肉变得非常柔软,容易碎掉。因此,切不可用汤匙用力搅拌,建议沿着锅壁慢慢搅拌。

坚硬的汤匙会使牛肉块碎掉。

10 将洋葱在锅里摊开,待其变成茶色之后,将啤酒倒入锅中。

15 将步骤 13 的材料放入含 1% 盐分的热水中煮。用刮勺舀起步骤 14 的材料,按照上图中的方法,将其切成宽 7 毫米的小面条,丢入锅中煮。所需小面条约 40 根。

皮卡第、香槟大区的特色

该地区是世界知名的起泡酒"香槟"的原产地

地方特色料理

啤酒炖牛肉
啤酒不仅是受人喜爱的饮料，还经常被用于烹制料理，左图便是啤酒炖牛肉，肉质软嫩。

火腿蘑菇卷饼
这是皮卡第大区的地方料理，用薄饼卷着白酱汁、火腿、芝士焗烤而成。

法兰克福风味乳蛋饼
饼皮中包裹用黄油炒过的韭葱，蛋挞皮也使用黄油煎制。

亚眠　圣康坦
皮卡第大区　沙勒维尔-梅济耶尔
博韦　苏瓦松　兰斯　沙隆
埃佩尔奈　特鲁瓦　肖蒙
香槟-阿登大区　朗格勒

香槟大区位于法国北部，与比利时毗邻。

此地遍布的葡萄田，种植于此的葡萄是酿制香槟的原料。

香槟也用于烹制各种料理

有不少高档料理所用的酱汁或肉冻中使用了香槟。

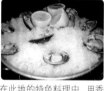

在此地的特色料理中，用香槟蒸煮的贝壳类非常有名。此地香槟品种繁多，其中也包括唐·培里侬香槟王。

除香槟之外，此地还有各种具有本土特色的料理

　　香槟-阿登大区、皮卡第大区位于法国最北部，与比利时接壤。法国北部、比利时西部、荷兰南部一带称为佛兰德斯地区，那一带人们的日常料理，在名称中都带着"佛兰德斯风味"的修饰语。香槟大区的饮食文化受比利时的影响很大，当地的人们喜欢饮用啤酒，还将啤酒用来烹制一些料理，并且经常食用芦笋、玉兰菜等蔬菜。

　　香槟大区因是香槟的原产地，人们喜欢在蒸煮肉类、鱼贝类及蔬菜时放入香槟。此地的特产——火腿则是以在牛奶中加入奶油制成的白霉奶酪，以及喂食栗子长大的猪的腿肉为原材料，享用时佐以香槟，口味更是相得益彰。

Poulet rôti avec petits pois à la française

法式烤鸡搭配水煮青豆

敦实的全鸡也可以烤得鲜嫩多汁

法式烤鸡搭配水煮青豆

材料 (4人份)

全鸡······1只（约1千克）
洋葱······80克
胡萝卜······30克
芹菜······20克
大蒜······1瓣
白葡萄酒······50毫升
肉汤（参考第78页）······300毫升
色拉油······1小勺
黄油······5克
盐、胡椒······各适量

鸡腹填充食材的材料

胡萝卜······20克
青豆······3根（20克）
大米······50克
菰米······1大勺
黄油······5克
盐、胡椒······各适量

水煮青豆的材料

培根······20克
洋葱······30克
生菜······2小片（20克）
冷冻青豆······120克
水······适量
月桂叶······1片
黄油······5克
盐、胡椒······各适量

要点
鸡肉烤制过程中，应不时将油刷在鸡肉上

烹调时间	难度
120分钟	★★★

02 烧开一锅水，放入菰米煮约15分钟，然后放入大米继续煮8分钟，再放入胡萝卜、四季豆，煮约2分钟。

07 将鸡脖切口处的皮向后拉伸到鸡背部反盖住，接着用鸡翅压住鸡皮加以固定。

03 将步骤01、02的材料倒入滤勺，撒上1小撮盐、少许胡椒并拌匀。

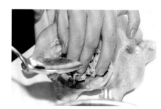

08 鸡腹朝上放置，用汤匙将步骤03的填充食材塞进鸡腹中。

04 处理全鸡。参考第158页中的做法，拔去鸡身上的细毛，切除鸡屁股的脂肪，再取出鸡锁骨处的V形骨（鸡叉骨）。

09 参考第142页中的方法，用绳子将全鸡捆扎起来。应不断调整捆扎的形状，以防填充食材漏出。鸡屁股部分尤其要注意缝紧。

05 在鸡脖根处下刀，连同鸡头一起将鸡脖子斩断。

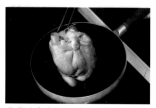

10 将黄油和色拉油在平底锅中加热，待黄油变色之后，将鸡放入锅中，将其表面煎出褐色。

01 制作鸡腹填充食材。大蒜去芯，四季豆切成宽5毫米的小块。

06 将1/2小勺盐、1小撮胡椒撒在鸡肉表面及内部。手从鸡屁股处伸入体内，将盐和胡椒在内壁涂抹均匀。

11 将洋葱、胡萝卜、芹菜分别切成1厘米的小块，大蒜在砧板下压扁。

12 在烤盘上铺一张烤盘纸，将步骤11的蔬菜放在纸上，再将步骤10的鸡置于其上，放入预热190℃的烤箱中，烤制约35分钟。㊟烤制过程中，不时将油刷在鸡肉表面。

17 将从烤鸡中流出的汤汁、白葡萄酒、肉汤倒入锅中并稍微煮一下。然后倒入漏勺过滤。

22 将鸡骨架掰开，用汤匙挖出肚内的填充食材，放入碗中。

13 制作水煮青豆。将培根切成厚3毫米的条状，生菜切成5毫米宽，洋葱切成2～3毫米的薄片。

18 将全鸡上捆扎的绳子解开。如有打结，可用刀砍断。一边用刀抵住鸡肉，一边用手拽出绳子。

23 在平底锅中加热黄油，放入鸡腹填充食材，迅速翻炒一下。最后调入盐、胡椒。

14 锅中加热黄油，依次放入培根、洋葱、青豆。㊟如材料粘在锅底，可在锅中倒些水，并用刮勺将其刮下。

19 用叉子压在鸡胸肉和鸡腿肉之间，用刀插入其间并切开。

24 将步骤15的水煮青豆和填充食材铺在盘子上，将步骤21切分下的鸡肉摆放其上。最后浇上步骤17制作的酱汁。

15 将生菜、月桂叶也放入锅中，倒水直至没过这些材料，煮到这些水干掉为止。最后调入1小撮盐、少许胡椒。

20 待鸡腿肉被切下之后，将鸡胸肉从中间切开，将鸡翅根部的关节切断。

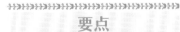

要点
不可将鸡肉烤得太干

将鸡放在浅盘上，微微倾斜浅盘，如果有浅粉色肉汁流出，便说明已经烤好。烤箱中的余温容易令鸡肉烤过头，如果流出的肉汁是透明的，则说明烤过头了，如果是鲜红的，则说明未烤熟。

16 制作酱汁。全鸡烤好之后取出，放在漏勺上，迅速沥干多余的油分，垫在其下方的蔬菜则放入锅中轻轻翻炒。

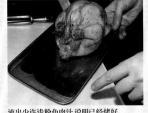

21 直接横向切开，割下鸡胸肉。㊟鸡骨架上的肉也可以食用，因此请尽量剔除干净。

流出少许浅粉色肉汁，说明已经烤好。

烹制法国料理的诀窍与要点 ㉕
如何使用捆肉绳

用捆肉绳将肉捆扎住，可以防止肉被煮烂

ficeler
在烹调前将肉
捆扎起来

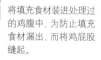

brider
将填充食材塞
进鸡腹中之后

| 1 | 将捆肉绳绕在手腕上，并用手抓住肉的一端。 |

2 将绕在手腕上的绳子套在肉上，在靠近肉的一端的位置上打一个结。再次重复步骤①的动作，将绳子绕在手腕上。

3 与步骤②一样，再次将绳子穿过鸡肉，并轻轻拉伸，重复步骤②～③，如图所示，用绳子捆住。

4 每隔3～4厘米将绳子打一个结。

5 将肉翻过来，重复相同的动作，将绳子的一端套在肉上，拉紧，打结。最后将绳子打一个结，再剪去多余的线段。

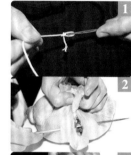

1 将捆肉绳穿进针眼，在针眼附近打一个结。

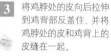

2 将填充食材装进处理过的鸡腹中，为防止填充食材漏出，而将鸡屁股缝起。

3 将鸡脖处的皮向后拉伸到鸡背部反盖住，并将鸡脖处的皮和鸡背上的皮缝在一起。

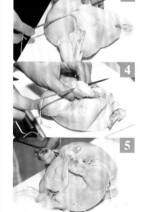

4 将两根鸡翅分别折向鸡背，用鸡翅压住鸡脖处的皮，将翅尖部分和鸡身紧紧地缝在一起。

5 鸡腹朝上，将鸡腿拗向鸡屁股方向，用绳子将两条鸡腿绑住，然后剪去多余的绳子。

将肉用捆肉绳捆住，可以防止其变形

　　"brider" 是指用穿肉针和捆肉绳将处理好的全鸡或其他家禽缝住，便于固定其形状。而 "ficeler" 则是指用绳子捆扎煮牛肉、猪肉或其他大块的肉类后加以烹制。在煮、烤肉类或蔬菜时，用绳子将其捆住，可以使其大小统一，加热均匀。

　　另外，在肉类中塞入填充食材加以烹制之前，用捆肉绳将肉类缝好，可以防止填充食材外漏。穿肉针很难穿透骨头，因此应避开骨头，将皮与皮缝在一起。捆肉绳应尽量缝紧，才能很好地保持全鸡的形状。最后将线头打出一个结实的结，剪去多余的线头。

Fricassée de poulet

法式烩鸡肉

各种白色食材，烩成一盘考究的鸡肉料理

法式烩鸡肉

材料 (2人份)

全鸡……1只 (700克)
小洋葱……75克
胡萝卜……20克
大葱……25克
白葡萄酒……50毫升
鸡高汤……从下述材料中取400毫升
百里香……2根
月桂叶……1片
奶酪面粉糊(参考第94页)……30克
鲜奶油……90毫升
黄油……10克
色拉油……1小勺
盐,胡椒……各适量

鸡高汤的材料
鸡骨架……1个
洋葱(切薄片)……1/4个(50克)
胡萝卜(切薄片)……50克
芹菜(切薄片)……1/4根(25克)
百里香……1根
月桂叶……1根
水……1000毫升

煮蘑菇的材料
蘑菇……4个(30克)
鸡高汤……从上述汤汁中取150毫升
柠檬汁……1小勺
盐,胡椒……各适量

煮小洋葱的材料
A [小洋葱……2个(80克)
 细白砂糖……2小勺
 黄油……10克]
水……适量
盐,胡椒……各适量

黄油米饭的材料
小洋葱……20克
大米……180克
鸡高汤……与淘洗过的大米等量
黄油……15克
盐,胡椒……各适量

摆盘装饰的材料
雪维菜……适量

01 参考第158页的做法来处理全鸡。⑰小洋葱带皮在水中浸泡1个小时。

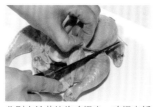

02 分别在关节处将鸡翅尖、鸡翅中斩下。鸡腹朝上,从其两侧的鸡腿根部切入。

03 拇指从切口伸入,一只手按住鸡腿根,另一只手将鸡腿掰开,将鸡腿反向掰至脱臼的状态。

04 在鸡背上划出十字刀口,将皮外翻,连同鸡腿及骨头一起斩下。另一只鸡腿也用相同方法斩下。

05 用刀切入鸡翅根部,抓住鸡背,将鸡胸与鸡背剥离。

06 鸡腹朝下,刀沿着胸骨切入,将其切成两半。然后将鸡胸骨切掉,剩余的鸡骨架大致切块,用来熬鸡高汤。

07 将步骤04的鸡腿肉、步骤06的鸡胸肉放在浅盘上,撒1/2小勺盐,1小撮胡椒,用手在鸡身上抹匀。

08 熬制鸡高汤。将所有材料都放入锅中并烧开,然后改小火煮约1个小时,其间不时将浮沫撇去。煮好后用滤勺过滤。

09 制作煮蘑菇。用小刀在蘑菇身上刻出螺旋花纹,将柠檬汁涂于其上。刻花纹的边角料用来煮酱汁。

要点
鸡肉不可煎过头,以致煎到颜色过深

烹调时间	难度
120分钟	★★★

小洋葱必须事先在水中浸泡

10 将步骤 08 的鸡高汤、柠檬汁、1 小撮盐、少许胡椒放入锅中，将汤汁烧开。然后关火，将步骤 09 刻好的蘑菇放入，利用余温加热。

15 剥去洋葱皮、胡萝卜皮，并分别切成 5 毫米的小块。

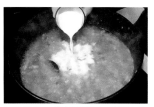

20 制作酱汁。鸡肉取出后，将锅中的汤汁继续煮至剩余 300 毫升。然后倒入鲜奶油、奶酪面粉糊。

11 制作煮小洋葱。锅中放入材料 A、少许盐和胡椒、小洋葱。倒入水至淹没小洋葱。煮至锅中汤汁收干。

16 用厨房纸巾将残留在步骤 14 的平底锅中的油分擦净，然后放入 5 克黄油加热。放入步骤 15 的蔬菜，翻炒至呈现褐色。

21 将步骤 20 制作的酱汁浇在步骤 19 取出的鸡肉上，锅中的汤汁倒入滤勺过滤。⑱细细过滤，以便滤出蔬菜中的精华。

12 制作黄油米饭。黄油放入锅中加热，将小洋葱末倒入翻炒，待水分蒸发干之后，倒入淘洗好的大米并加热。

17 将步骤 09 中刻蘑菇的边角料、白葡萄酒放入锅中，用刮勺上下翻动材料。

22 在盘子的边缘摆上煮蘑菇，对半切开的煮小洋葱，搓成圆形的黄油米饭团，并装饰以雪维菜。最后将步骤 21 的鸡肉摆放在盘子中央，浇上酱汁。

13 锅中放入步骤 08 的鸡高汤、1 小撮盐、少许胡椒，盖上盖子，放入预热 180℃ 的烤箱中加热约 13 分钟，或者用明火加热 13 分钟。

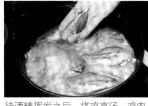

18 待酒精挥发之后，将鸡高汤、鸡肉、百里香、月桂叶、1 小撮盐、少许胡椒放入，敞开锅盖，用小火煮约 20 分钟。

▶▶▶▶▶▶▶▶▶▶▶▶▶▶▶▶▶▶▶▶▶

要点

如何而做出汤汁雪白，造型美丽的烩鸡肉

做好这道白色料理的诀窍，是将鸡肉煎一下，去除鸡皮与鸡肉之间多余的油分。把握好煎鸡肉的火候，既可避免汤汁变成褐色，又可令酱汁更加美味。

14 在平底锅中放入 5 克黄油、色拉油加热，放入步骤 06 的鸡肉煎制。待鸡肉表面煎至略呈褐色时盛出。

19 当用竹签可以轻松穿透鸡肉、肉中流出透明汁液时，取出鸡肉放到另一个锅中。

煎鸡肉时没有煎透也无妨，因之后还需要继续煮制。

▶▶▶▶▶▶▶▶▶▶▶▶▶▶▶▶▶▶▶▶▶

法国料理专用术语❷
—料理名称篇—

维希奶油冷汤 (vichyssoise)
用土豆做成的法式浓汤。

浓汁 (coulis)
将蔬菜煮过,捣碎,过滤而成的液体酱汁。

肉丸子 (quenelle)
将肉类,鱼贝类食材做成肉糜,与蛋清,奶油拌在一起,搓成橄榄球形后煮制而成。

烤菜 (gratin)
用酱汁调和过的食物放入烤箱,将表面烤出金黄色或者酥脆的料理。

多菲内奶油烙土豆 (gratin dauphinois)
将土豆铺在烤盘上,倒入牛奶,高汤,煮至口感软糯。

胶化~ (glacée)
在高汤中加入黄油煮制,将其浓缩成黏稠的糖浆质地。

清汤 (consommé)
在红肉,洋葱,芹菜或其他带有香味的蔬菜中加入蛋清,慢慢熬制而成的透明汤汁。

油封肉 (confit)
将肉类浸泡在从禽肉或猪肉中提取的油脂中,低温煮制而成。保存时可以在食材表面涂抹油脂。

~冻 (gelée)
在汤汁中加入吉利丁片凝固而成的胶状料理。

普罗旺斯橄榄酱 (tapenade)
这是普罗旺斯当地特有的酱汁,以橄榄,橄榄油为材料。

温~ (tiède)
将煮熟的料理冷却至适宜的温度,或在冷的料理上浇上温热的酱汁。

蘑菇泥 (duxelles)
将黄油与洋葱,红葱头,白蘑菇一起炒制而成。

杜格莱烈 (Dugléré)
以19世纪著名的厨师阿道夫·杜格莱烈 (Adolphe Dugléré) 命名的料理,以鱼类料理为多。

肉酱 (terrine)
在盛放肉酱的陶器中煮制的料理。既有煮好后冷却定型后食用,也有放入烤箱中烤制后食用的。

面条 (nouille)
包括意大利面在内的所有面条的统称。

烤杂蔬 (bayeldi)
将腌制过的西葫芦或番茄等放入烤箱中烤制而成。

肉酱 (pâté)
将肉类或鹅肝搅成糜,填进派皮或模具中烤制而成的料理。

纸包烤~ (papillote)
将食材用纸包住烤制的料理。

法式海鲜浓汤 (bisque)
用鲜虾或龙虾等熬煮而成的汤品,一般会用鲜奶油和白葡萄酒来调味。

蔬菜泥 (purée)
将各种蔬菜切碎烤制而成。

法式火锅 (fondu)
将蔬菜蒸煮至软烂,也有融化之意。

白汁炖肉块 (fricassée)
鸡肉或小牛肉用白色酱汁炖煮而成。

法式甜甜圈 (beignet)
在用面粉,蛋黄,色拉油揉出的面团中,加入打发过的蛋清后入锅油炸。

~卷 (paupiette)
用切得很薄的肉片或蔬菜,将芦笋或其他食材卷在其中加以烹调的料理。

汤 (potage)
这是法语中汤品的统称。

腌泡 (mariner)
将食材腌泡在调味汁里增加风味,或去除异味,这种调味汁一般称为腌泡汁 (marinade)。

熟肉酱 (rillettes)
将肉用猪油炖煮,捣烂成糜。一般用来抹在面包上食用,也可与葡萄酒一起享用。

Côtelettes d'agneau poêlée à l'estragon

龙蒿风味香煎小羊排

将带骨的羔羊脊背肉切出完美形状，是此道料理的重点

材料 (2人份)

羔羊脊背肉 (羊排、带骨) ……
1/2块 (500克)

龙蒿……1根

黄油……5克

橄榄油……2小勺

盐、胡椒……各适量

羔羊高汤的材料

羔羊的筋或骨头……从上述材
料中获取

洋葱……3/4个 (150克)

胡萝卜……50克

芹菜……20克

红葱头 (或洋葱) ……20克

番茄……120克

大蒜……1瓣

番茄酱……4小勺

小牛高汤 (参考第78页) ……
120毫升

肉汤 (参考第78页) ……500毫升

白葡萄酒……50毫升

月桂叶……1片

百里香……1根

黄油……5克

色拉油……1小勺

龙蒿酱汁的材料

红葱头 (或洋葱) ……10克

羔羊高汤……从上述材料中取
150毫升

白葡萄酒……40毫升

龙蒿叶……1/2根份

水玉米淀粉……适量

黄油……8克

盐、胡椒……各适量

土豆饼的材料

土豆……2个 (300克)

黄油……25克

色拉油……3又1/3大勺

盐、胡椒……各适量

布鲁塞尔风味芽甘蓝的材料

火腿……30克

芽甘蓝……8个 (70克)

肉汤……200毫升

黄油……5克

盐、胡椒……各适量

摆盘装饰的材料

龙蒿……1根

01 参考第150页的方法，处理好羔羊的脊背肉。

02 将肉切成4等分，并将表面厚厚一层油脂去除。⊕因要切成4等分，羊骨头可能不在肉块的正中央。

03 将步骤02的羔羊肉放在浅盘上，将龙蒿揉碎撒在肉上。再浇上1小勺色拉油，1小撮盐及少许胡椒，静置30分钟。

04 制作羔羊高汤。筋和骨头都要用来熬制高汤，因此须将连在一起的骨头切开。

要点
将羔羊肉烤得
富有弹性

烹调时间	难度
90分钟	★★★

05 将洋葱、胡萝卜、芹菜、红葱头切成5毫米的小块，番茄粗略切块。大蒜剥皮，在砧板下压扁。

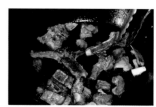

06 平底锅中加热黄油和色拉油，用大火将步骤04的羔羊肉骨煎成褐色。⊕煎的过程中，须不时将油浇在骨头上。

07 将步骤05中除番茄外的其他蔬菜倒入锅中，炒出褐色之后捞出，用滤勺过滤出多余的油分。

08 将步骤07的材料倒入锅中，倒入白葡萄酒，加热至酒精挥发。

09 倒入番茄、番茄酱、月桂叶、百里香、小牛高汤、肉汤，改小火煮约30分钟。

10 将步骤 09 的材料倒入滤勺或笊篱中，将食材和汤汁分离开。用刮勺按压住材料，可以挤压出所有汤汁。

15 将土豆丝放入碗中，撒上 1 小撮盐并静置 10 分钟。然后拧干土豆丝中的水分，撒入融化了的黄油，1 小撮盐，少许胡椒。

20 黄油放入锅中加热，倒入芽甘蓝和火腿粒，轻轻翻炒一下，倒入肉汤。

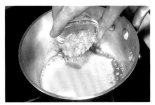

11 制作龙蒿酱汁。黄油在锅中加热，红葱头切碎放入，翻炒至变色。

16 准备 2 个直径 8 厘米的圆形模具，手指蘸着黄油，抹在模具内壁。

21 撒入 1 小撮盐、少许胡椒，继续煮至汤汁收干。

12 将白葡萄酒倒入锅中，待酒精挥发后将步骤 10 的羔羊高汤，少许盐和胡椒倒入。

17 平底锅中加热色拉油，将步骤 16 的模具摆放其上，将步骤 15 的土豆丝平整严实地填入模具中。待土豆丝煎出褐色之后，将模具脱下。

22 锅中加热黄油和 1 小勺橄榄油，将步骤 03 的羔羊肉放入锅中煎制。⑪骨头周围不易煎熟，煎的过程须将热油淋于其上。

13 龙蒿切碎放入。⑫如需汤汁更加浓稠，可放入适量水玉米淀粉。

18 将成型的土豆饼翻面，将另一面也煎出褐色。煎熟后将土豆饼放在厨房纸巾上，吸去多余的油分。

23 用手指按压羔羊肉，感觉富有弹性时即可。煎好后，取出羔羊肉放在厨房纸巾上，吸去多余的油分。

14 制作土豆饼。土豆削皮，切丝。⑪无须泡水，以保留其中的淀粉。

19 制作布鲁塞尔风味芽甘蓝。将芽甘蓝上变色的部分切去，然后对半切开。火腿切成 8 毫米的小粒。

24 将步骤 18、21 的材料摆放在盘子中，再将步骤 23 的羔羊肉盛出摆盘。将步骤 13 的龙蒿酱汁淋在盘中空余的位置上，最后在其上点缀龙蒿碎。

掌握正确方法,将羔羊的脊背肉切出完美形状

将肉从冰箱中取出,沿着脊椎骨竖向切入。

切除靠近脖子一侧的肉上的半月形软骨。刀从其周围切入,一点一点切离。

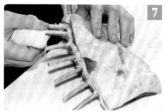

用抹布将露出的肋骨上的油脂擦净。

将肉竖起来,用刀把肉从脊椎骨上切离,注意要切干净,不要将肉留着骨头上。

肋骨朝上,从距离末端3厘米处切入,再沿着肋骨竖着切入。

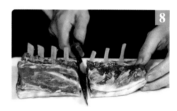

将整块肉切成两半,再将每根肋骨分别切开。注意要切得宽窄均匀。

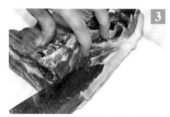

附在脊椎骨上的筋会影响口感,因此必须切除。

沿着步骤5中的切痕,将肋骨末端的肉切离骨头,露出部分肋骨。

分切肋条。如果发现肋骨上的脂肪太厚,可将其切除。

羊肉的特点及其最佳烹饪方式

羊肉可分为羔羊肉(lamb)和成羊肉(mutton)。一般来说,羔羊肉取自出生未足1年的羔羊,其中又以出生1~2个月,尚在母羊哺乳期间的羔羊肉最为昂贵。成羊肉则取自年龄1~7年的羊。羔羊肉的肉质更加软嫩,颜色也较浅。

羔羊肉可分为颈肉、肩肉、脊背肉(羊排)、腰肉、胸脯肉、腿肉等部位。腿肉软嫩且脂肪含量低,脊背上带肋骨的部分则是羊排。沿着肋骨切下的部位叫作肋条。处理时应去除多余的脂肪和筋,并且将部分骨头上的肉剔除干净,以露出骨头。注意,露出的骨头上的碎肉和脂肪一定要彻底清除,以免因其烧焦而影响整道料理的效果。

Couscous Royal

蒸粗麦粉羔羊肉饭

粗麦粉吸收了羊高汤的精华,二者搭配效果无与伦比!

蒸粗麦粉羔羊肉饭

材料 (2～3人份)

小羊肩肉……200克
鸡腿肉……200克
洋葱……1/4个 (50克)
胡萝卜……1/4根 (40克)
茄子……1/3根 (50克)
西葫芦……1/3根 (50克)
芜菁……1个 (100克)
番茄 (小) ……1个 (100克)
大蒜……1/2瓣
鹰嘴豆……30克
肉汤 (参考第78页) ……1000
毫升
小茴香……1/3小勺
胡荽……20粒
黄油……2克
橄榄油……1大勺
盐,胡椒……各适量
蒸粗麦粉的材料
粗麦粉……120克
水……5大勺
哈里萨辣酱 (参考第222页)
……适量
橄榄油……1/2大勺
盐……适量

要点
**漂在汤面的
浮沫须仔细舀去**

烹调时间	难度
140分钟	★★★

※鹰嘴豆须事先用水泡发

02 洋葱剥皮,切碎。

07 将小茴香和胡荽放在研钵中碾碎,大蒜剥皮,去蒜芯,放在砧板下压扁。

03 将芜菁的茎切去,并切成6等分。去皮后泡进水中,用竹签将茎部的泥沙清除干净。

08 剔除鸡腿肉中的软骨,切掉鸡爪的筋。

04 西葫芦和茄子切成厚8毫米的条状。

09 切除鸡肉中多余的油脂和鸡皮,切成2～3厘米的小块。

05 胡萝卜削皮,切成厚8毫米的条状。

10 切除羔羊肉中多余的油脂,切成3厘米的小块。

01 ⑩鹰嘴豆用150毫升的水泡发一夜。

06 番茄去蒂,放入开水中,待番茄皮变皱时迅速投入冷水并剥皮,然后取出番茄籽,切成2～3厘米的小块。

11 在步骤09的鸡肉和步骤10的羔羊肉中撒上1小撮盐和胡椒,用手揉搓。

12 平底锅中加热 1 小勺橄榄油和黄油。羔羊肉和鸡肉都炒出褐色，然后放在厨房纸巾上。

17 用汤勺舀去汤面的浮油，将步骤 05 的胡萝卜放入锅中煮约 5 分钟。

22 制作蒸粗麦粉。碗中放入粗麦粉、4 大勺水、橄榄油、1 小撮盐，混合搅拌之后静置约 10 分钟。

13 在锅中放入 2 小勺橄榄油，以及步骤 07 的大蒜、小茴香、胡荽加热。

18 5 分钟过后，放入步骤 04 的茄子煮约 3 分钟。

23 蒸锅中铺一张蒸布，将步骤 22 的粗麦粉放入其中蒸 15 分钟。然后将其取出，在其上撒 1 大勺水，用手拌匀之后，再继续蒸 15 分钟。

14 待大蒜爆香之后，放入步骤 02 的洋葱并翻炒，待其炒至透明后，倒入肉汤。

19 3 分钟过后，放入步骤 03 的芜菁、步骤 04 的西葫芦、步骤 06 的番茄。

24 将步骤 21 的蔬菜和汤汁盛盘，最后将蒸粗麦粉盛在盘中。⑪因蒸粗麦粉会一下子吸收汤汁，因此建议最后盛盘。

15 放入步骤 12 的羔羊肉和鸡肉。

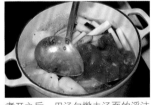

20 煮开之后，用汤勺撇去汤面的浮沫，撒入 1 小撮盐、少许胡椒。

✕ 错误

菜烧焦了

需要长时间烹调的料理，需用文火加热。一旦发现有烧焦的迹象，就往锅中加水。烹调过程中，可用刮勺将底部翻到表面。

16 放入步骤 01 的鹰嘴豆和所有汤汁，盖上锅盖，用文火煮约 1.5 小时（高压锅则需约 15 分钟）。⑪不时撇去汤面的浮沫。

21 取出芜菁。此时用竹签如果能够轻松穿透芜菁，即说明已经煮透。

使用大火加热，导致锅中菜烧焦。

让蔬菜华丽变身

为您介绍法国料理中特有的蔬菜的切法

julienne
~切丝~

将蔬菜切得细长如丝,长度统一在4～5厘米。顺着蔬菜纤维,便可将其切得又细又齐。

bâtonnet
~切条~

切成长5～6厘米,横截面边长5毫米的条形。如有需要,切得更粗也无妨。

tourner
~螺旋花纹~

一般用于装饰配菜。将刀刃对准配菜的中央,一边转动手腕一边雕刻出纹样。与此同时,手中的配菜则向反方向旋转以配合持刀的动作。

haché
~切丁~

用刀将蔬菜切成极细小的块状。若将蔬菜切成碎末,法语则称为"ciseler"。

dé
~切块~

将蔬菜切成立方体小块。其中,边长1厘米的称为"macédoine",而边长2～3厘米的则称为"brunoise"。

emincé
~切薄片~

将蔬菜切成厚1～2毫米的薄片。食材这样切容易煮熟,也可缩短烹调时间。

法式蔬菜刀工技法简介

法国料理中的蔬菜刀工技法,每一种技法都拥有专用的名称。

比如"rondelle"指切成圆片,"emincé"是切薄片,"julienne"是切丝,"allumette"是切成火柴棍般粗细……这些技法都是耳熟能详的。

将蔬菜切成立方体小块称为"dé",其中边长1厘米的小块称为"macédoine",边长2～3厘米的称为"brunoise"。总之,即便是相同技法,所切大小也决定着不同的名称。

在配菜的装饰性刀法中具有代表性的,是在蘑菇顶部的中央开始,向四周放射状刻出螺旋形花纹,称为"tourner"。其他的技法还包括刮西葫芦皮,雕刻土豆等。

Coquelet grillé sauce au diable

魔鬼风味烤鸡

烤鸡搭配人称"魔鬼"的重口味酱汁

魔鬼风味烤鸡

材料 (2人份)

全鸡……1只 (700克)
切碎的芹菜……1/2大勺
百里香叶……1/4根份
黄芥末……1大勺
融化的黄油……5克
色拉油……少许
盐、胡椒……各适量

魔鬼酱汁的材料

红葱头 (或洋葱) ……1个 (15克)

A [番茄酱……1/2大勺
  白酒醋……2小勺
  白葡萄酒……50毫升

小牛高汤 (参考第38页) ……
150毫升
水玉米淀粉……适量
黄油……5克
黑胡椒粒……少许
盐、胡椒……各适量

配菜的材料

小番茄……8个 (100克)
蘑菇……4个 (30克)
土豆……1.5个 (200克)
植物油……适量
橄榄油……适量
盐、胡椒……各适量

摆盘装饰的材料

水芹……1/2根

要点
烤鸡时
鸡皮朝下

烹调时间	难度
90分钟	★★★

01 处理全鸡。参考第158页中的做法，拔去鸡身上的细毛，切除鸡屁股的脂肪，再取出鸡锁骨处的∨形骨 (鸡叉骨)。

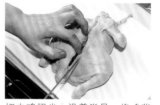

02 切去鸡翅尖。沿着脊骨，将鸡背切开。

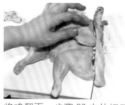

03 将鸡翻面，步骤02中的切开的一面朝下，在砧板上放平，用刀切掉脊骨。

04 再将鸡翻过来。刀从内侧的肋骨下方切入，剔除细小的骨头。

05 用刀尖在鸡屁股的两侧鸡皮上，分别扎出一个洞。

06 将鸡腿插入步骤05扎出的洞中，然后调整出"田鸡式"形状并将其固定住。

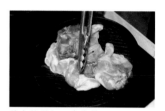

07 鸡皮朝下，将全鸡放在浅盘中。撒上1/2小勺盐，少许胡椒，抹上色拉油。

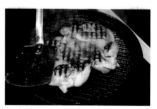

08 将条纹煎锅 (参考第12页) 加热，鸡皮朝下将步骤07的全鸡放入锅中。⚠放入之后不可随意移动位置，以免破坏烤出的花纹。

09 当表皮烤出褐色之后，用锅铲将鸡调转90°。待烤出褐色后翻面，烤出同样的花纹。

10 烤好的鸡肉放入浅盘，用刷子将黄芥末刷在鸡皮一面。⚠因还要烤第二次，所以此步骤无需烤得过熟。

11 将面包粉、芹菜末、百里香叶放入碗中，混合搅拌均匀。

16 煮至步骤 15 的汤汁剩余 1/3 的量，然后倒入小牛高汤，稍微煮一下。

21 待土豆条炸至金黄色时捞出，沥干多余的油分，撒上 1 小撮盐。

12 倒入融化了的黄油，并搅拌均匀。

17 放入水玉米淀粉加以勾芡，再放入少许盐和胡椒、卡宴辣椒、黄油，混合搅拌后过滤。

22 用刷子刷净蘑菇表面。

13 铺一张烤盘纸在砧板上，将步骤 10 的鸡肉皮朝上放置在烤盘纸上。在抹过黄芥末的一面放上步骤 12 的材料，并用手按压。

18 制作配菜。土豆削皮，切成 5 厘米长的条状。在水中浸泡 10 分钟以析出淀粉，然后彻底沥干水分。

23 将小番茄和蘑菇摆在碗里，将橄榄油、少许盐和胡椒抹在蘑菇和小番茄的表面。

14 放入预热 230℃的烤箱中烤约 15 分钟，至表面变成褐色。将金属签插入肉厚的部分，如冒出热气，则说明已烤好。

19 将土豆条放入 180℃的油锅中炸约 3 分钟，直至浅浅变色。用滤勺捞出备用。

24 将步骤 23 的蘑菇和小番茄摆放在条纹煎锅上，待烤出格纹之后取下。

15 制作魔鬼酱汁。将黑胡椒粒、红葱头末、材料 A 放入锅中煮。

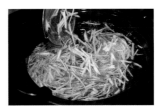

20 将步骤 19 的油加热至 200℃，放入步骤 19 的土豆条，继续炸约 2 分钟。

25 将步骤 14 烤好的鸡肉一切为二，将步骤 21、24 的材料及鸡肉一同盛盘，最后浇上魔鬼酱汁，用水芹装饰。

如何正确处理全鸡

任何料理在烹调之前都必须对材料进行正确的预处理

1 清理

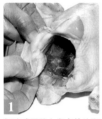   

1 切除鸡屁股上多余的油脂，清理鸡腹内侧靠近屁股的部分。

2 双手抓牢全鸡，放在煤气灶的火上，烧去鸡皮表面的毛。

3 用毛巾将烤过的细毛和鸡皮上的污物擦净。

4 鸡背朝上，将鸡屁股尖切下。附在鸡皮上的油脂膻味很大，应用刀尖切除。

2 拉出鸡脖子

1 从鸡脖子出发，用刀向鸡屁股方向切入一道长5厘米左右的刀口，抓起切口周围的鸡皮。

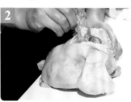

2 打开刀口，露出鸡脖子，将鸡胸一侧脖子上的皮翻过来，切除干净周围多余的油脂。

3 取出鸡叉骨

1 鸡叉骨是鸡锁骨处的V形骨，刀尖沿着骨头切入，将骨头上的肉剔除。

2 手指伸入鸡肉与鸡骨头之间，直接将鸡叉骨朝自己的方向拉出。鸡叉骨取出之后可以用来熬汤，请勿丢弃。

处理全鸡时必要的程序

　　鸡、鸭、火鸡的身体结构相似，因此预处理的方法也基本相同。烹调这些禽类之前，做好预处理是非常重要的，这也是第一道工序。

　　内脏、毛、尾部的脂肪不能吃，因此先要把这些部位切除，再将剩余的部分用毛巾擦净。脖子周围也有不少多余的油脂和皮，也必须清理干净。最后要切除锁骨处的V形骨，以免在切块时造成不便。

　　不同的烹调方式，决定着如何切分全鸡。有的是将鸡背切开（但不切断）、展开，有的则将左右胸、左右腿分别切下成四大块。但无论何种方法，其第一道不可缺少的工序，都是正确进行预处理。

第 4 章
主菜中的鱼类料理

法国料理的历史（20世纪下半叶—21世纪）

这个时期的法国人民努力开创史无前例的全新菜品

法国料理的发展趋势

近年来，与法国料理相关的关键词有两个：本土化、全球化。"本土化"是将传统的法国地方料理加以改良，而"全球化"则是从其他国家，尤其是亚洲地区国家引进具有特色的饮食文化。近些年，越来越多的法国厨师开始使用芥末、柚子、生鱼类等日本食材。

法国料理的改革背景

"新式烹饪"一词源自1970年代，它所代表的理念是，倡导减少使用油和重口味酱汁，注重保持食物的原有风味。这与一直以来重油、重调味料的烹饪方式唱起了反调。一经提出，当时的法国厨师便开始大力推崇日本料理的烹调方法。让·特罗斯格罗斯便是这批新潮厨师中突出的一位，他率先使用"蒸"的烹饪方法，不使用任何油脂。这一方法在此后也被许多厨师所接受和采用。

何为"米其林指南"？

这是一本由法国知名轮胎制造商米其林公司出版，介绍各类餐厅和酒店的书籍的总称。1900年初创刊时，是为了向司机提供酒店和加油站的信息。1920年加入了餐厅介绍，1926年开始启用三星评价体系。米其林公司的职员作为神秘顾客，到餐厅中体验和调查，将餐厅按照三星、二星、一星、无星四个等级来评定。即便未被该指南列入"星级"行列，只要被收入其中，便也算是对其品质的肯定。对于全球的厨师而言，米其林指南的影响力可谓巨大，有的厨师为获得星级评定，而改变自己的烹饪理想。也有的厨师则谢绝三星评定。

创刊号封面。今天在市面上可以买到纽约版、日本版等。

荣获米其林三星称号的伟大厨师

保罗·博古斯

1926年生，师承费尔南多·波因特（→第104页），曾服务于法国料理业界，后继承其家族在科隆热奥经营的餐厅，最终将其打造成为米其林三星餐厅。

乔·卢布松

1956年生，曾获法国M.O.F.（最佳手工业者）称号，在巴黎开设"JAMIN"餐厅后，以史上最快速度登上了米其林三星餐厅的宝座。除了他一生中所获得的24颗米其林之星外，他的名字"乔·卢布松"是第25颗在世界上熠熠生辉的璀璨明星。

艾伦·杜卡斯

1956年生，位于蒙特卡洛的"路易十五"餐厅由其带领，于1990年获封米其林三星餐厅。2000年曾参与日本千叶县餐厅的筹备。

皮埃尔·加涅尔

1950年生，1981年，由其开设的"皮埃尔·加涅尔"餐厅获封米其林三星餐厅。此后又在巴黎开设了同名餐厅，1998年再次获得米其林三星。

Poisson rôti et farci de légumes,
sauce au poivron rouge

红甜椒酱汁搭配蔬菜烤鱼

整条笠子鱼从鱼背切入、展开

红甜椒酱汁搭配蔬菜烤鱼

材料 (2人份)

笠子鱼……2条 (300克)
百里香……2根
橄榄油……1小勺
盐,胡椒……各适量

蔬菜填充食材的材料
洋葱……30克
杏鲍菇……70克
鸡蛋……2个
鲜奶油……2大勺
格吕耶尔奶酪……15克
黄油……10克
盐,胡椒……各适量

红甜椒酱汁的材料
红甜椒……60克
洋葱……40克
大蒜……1/4瓣
肉汤……200毫升
橄榄油……1小勺
黄油……5克
盐,胡椒……各适量

装饰蔬菜的材料
红甜椒……10克
芹菜……10克
扁豆……15克
橄榄油……1/2小勺
盐,胡椒……适量

要点
**笠子鱼头部的鳞片也
必须刮干净**

烹调时间	难度
90分钟	★★★

07 将鱼嘴对准水龙头,打开水从鱼嘴冲入,用筷子尖将鱼腹内的鱼泡刮掉。最后将整条鱼擦干。

02 用手抓起笠子鱼的尾鳍、背鳍、腹鳍、胸鳍,用剪刀将它们剪断。整理好尾鳍的形状。

08 刀从背鳍切入鱼身,沿着脊骨直切到鱼腹附近。①注意不可将鱼腹也切下来。

03 剪刀从肛门向鱼头方向切入1～2厘米深,挑出肛门与大肠的连接部并剪断。

09 将鱼翻身,与步骤08一样,沿着另一侧的脊骨切入。

04 用手掰开鱼鳃,切去鳃盖及与之相连的薄膜。

10 将鱼身打开,用剪刀剪断脊骨根部并将其取出,将用工具将残余的小刺拔除干净。

05 分别用两根筷子插入鱼嘴。沿着鱼鳃直插至肛门,夹出鱼内脏。

01 处理笠子鱼。刀面与鱼身垂直,从鱼身向鱼头方向刮鱼鳞。①鱼头的鱼鳞也必须刮干净。

06 一只手持两根筷子夹住鱼内脏,另一只手抓住鱼身,向相反方向边旋转边慢慢夹出内脏。

11 制作蔬菜填充食材。锅中放入大量水,开大火来煮鸡蛋。水烧开之后改小火,煮约11分半钟,然后将煮鸡蛋用自来水冷却,剥去鸡蛋壳。

12 将洋葱、杏鲍菇、水煮蛋分别切成5毫米的小块。用奶酪擦丝器将格吕耶尔奶酪擦成丝。

17 将步骤15的填充食材，用勺子塞进打开的笠子鱼，并将吕耶尔奶酪丝覆在填充食材表面。

22 待步骤21的食材稍微冷却之后，放入搅拌机中搅拌。

13 锅中加热黄油，依次放入洋葱、杏鲍菇并翻炒。

18 将百里香摆放在笠子鱼中央，放入预热200℃的烤箱中烤制约15分钟。

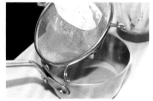

23 将步骤22的材料倒入滤勺中过滤。过滤时可以用刮勺挤压，使酱汁更加顺滑。

14 待洋葱炒成褐色之后，放入水煮蛋、鲜奶油、1小撮盐、少许胡椒，搅拌均匀。

19 制作红甜椒酱汁。将洋葱和胡椒分别切成5厘米的小块。大蒜剥皮，去蒜芯，切碎。

24 制作装饰蔬菜。将胡椒、摘去筋的芹菜、扁豆分别切成长5毫米的条状。

15 将锅中食材倒入碗中，隔冰水冷却。

20 将橄榄油、大蒜、黄油在锅中加热。待大蒜爆香之后，放入洋葱、红甜椒仔细翻炒。

25 蔬菜中调入少许盐和胡椒，再抹上橄榄油。用保鲜膜覆住碗口，放入微波炉中加热约1分半钟。

16 在砧板上铺一张烤盘纸，摆上笠子鱼，撒上1小撮盐和胡椒，在笠子鱼身和鱼腹内抹上橄榄油。

21 炒好之后，倒入肉汤，改小火煮约15分钟，直至蔬菜变软。最后调入1小撮盐、少许胡椒。

26 在一个大盘子中浇上红甜椒酱汁，将步骤18的鱼放在盘子中央，再在鱼的周围摆放好步骤25的蔬菜。

烹制法国料理的诀窍与要点㉙
各种混合黄油
将混合黄油加入酱汁,用以勾芡或提升风味

鳀鱼黄油

材料
黄油……50克
鳀鱼酱……15克
盐,胡椒……各适量

制作方法
❶黄油在常温中静置片刻后放入碗中,用打蛋器搅拌均匀。
❷在黄油中加入鳀鱼酱,少许盐和胡椒,搅拌均匀。

蜗牛黄油

材料
黄油……50克
红葱头……8克
芹菜……8克
大蒜……3克
盐,胡椒……各适量

制作方法
❶黄油在常温中静置片刻后放入碗中,用打蛋器搅拌均匀。
❷将红葱头切碎,与芹菜,大蒜,1小撮盐,少许胡椒放入碗中,搅拌均匀。

行政总厨黄油

材料
黄油……50克
芹菜……3克
柠檬汁……1小勺
盐,胡椒……各适量

制作方法
❶黄油在常温中静置片刻后放入碗中,用打蛋器搅拌均匀。
❷将芹菜切碎,与柠檬汁,1小撮盐,少许胡椒放入碗中,搅拌均匀。

红酒黄油

材料
黄油……50克
红葱头……8克
红葡萄酒……60毫升
浓缩肉汁(→第222页)或小牛高汤(→第38页)……6克
盐,胡椒……各适量

制作方法
❶黄油在常温中静置片刻后放入碗中,用打蛋器搅拌均匀。
❷将红葱头切碎后,与红葡萄酒一起放入锅中,开小火煮至水分尽失。倒入浓缩肉汁,1小撮盐,少许胡椒,然后关火,冷却。
❸将❶和❷的材料混合在一起,完成。

在黄油中加入各种材料,组合出各种崭新的风味

在黄油中加入调味料或带香味的食材,便可得到风味崭新的混合黄油。融化之后的黄油可以用来勾芡,使炖煮料理变得更加浓稠。混合黄油经过冷却凝固,还可以用来装饰盘中的料理。制作这种黄油时,可以用保鲜膜卷成筒状,将黄油倒入其中,放入冰箱冷藏30分钟即可。

鳀鱼黄油、蜗牛黄油常用来充当贝类料理的酱汁,红酒黄油用于烹制牛排或其他肉类料理,行政总厨黄油用于煎制肉和鱼。

除此之外,还有用黄油和黄芥末混合而成的芥末黄油,用羊乳干酪(→第184页)和黄油混合而成的羊乳干酪黄油等各种混合黄油。将这两种混合黄油抹在法棍面包片或薄脆饼干上,便可做成很具法国特色的鸡尾小点心(canape)。

Calamars à la sétoise

赛特风味炖墨鱼

蒜泥蛋黄酱是此道料理中低调的主角

赛特风味炖墨鱼

材料 (2人份)

墨鱼……1只 (300克)
洋葱……1/2个 (100克)
大蒜……1/2瓣
水煮番茄 (整个) ……300克
肉汤 (参考第78页) ……300毫升
白葡萄酒……5大勺
蒜泥蛋黄酱……从下述材料中
取1小勺
橄榄油……1大勺
盐,胡椒……各适量
大蒜蛋黄酱的材料
大蒜……1/2瓣
蛋黄……1个
水……1小勺
特级初榨橄榄油……4大勺
盐,胡椒……各适量
藏红花米饭的材料
切碎的洋葱……2大勺
大米……180克
肉汤……与淘洗过的大米等量
藏红花……少许
黄油……10克
盐,胡椒……各适量
墨鱼肠酱汁的材料
墨鱼肠……取自上述材料
摆盘装饰的材料
意大利香芹……适量

要点
**墨鱼不可煮太久,
否则口感会变得太硬**

烹调时间	难度
90分钟	★★★

01 处理墨鱼。将手伸入墨鱼的身体,将连接墨鱼足和身体的筋剥离。一只手按住墨鱼的身体,另一只手抓住墨鱼足,将墨鱼足和内脏一同拉出。

02 用手指抓住残留在墨鱼体内的软骨,慢慢将其拉出。

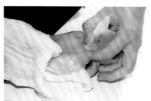

03 一只手抓住墨鱼的身体,另一只手隔着防滑毛巾抓住墨鱼鳍,将其从墨鱼身体上拽下。

04 手隔着毛巾将附在墨鱼身体表面的薄膜撕下,尽量避免将其撕破。

05 拿出步骤01中取出的墨鱼内脏,用手指捻起其中的墨囊并拔出。将墨鱼肠取出备用,稍后要用其制作酱汁。

06 刀从墨鱼眼睛下方切入,将墨鱼足和内脏切除。用刀背将墨鱼足的表皮和吸盘清除干净。

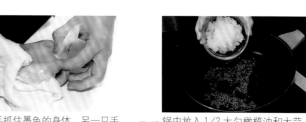

07 将墨鱼的身体切成墨鱼圈,墨鱼鳍和墨鱼足分别切成5~10毫米的块状。洋葱和大蒜去皮、去芯,切碎。

08 锅中放入1/2大勺橄榄油和大蒜,炒香后放入洋葱。

09 待洋葱炒成褐色,变软之后,放入墨鱼鳍和墨鱼足翻炒。

10 水煮番茄用滤勺过滤,与肉汤、白葡萄酒一起放入锅中,煮约50分钟,其间不时撇去浮沫。最后放入1小撮盐、少许胡椒。

11 制作大蒜蛋黄酱。大蒜刨成丝,与蛋黄一起放入碗中,再倒入水、1小撮盐、少许胡椒。

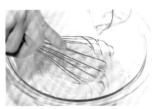

12 将特级初榨橄榄油缓缓滴入碗中，用打蛋器搅拌，待其乳化。再调入少许盐、胡椒。

17 制作藏红花米饭。大米用水淘洗过后，放在滤勺上滤干水分。

22 大米炒热之后，倒入步骤19的汤汁。⑩倒入汤汁之前必须将火关小，以免汤汁飞溅。

13 在步骤07的墨鱼圈上撒1小撮盐、少许胡椒，并用手抹匀。

18 将藏红花在锅中稍微煎一下，用手指捻碎。⑫手指应保持干燥，否则藏红花会粘在手上。

23 待煮开之后盖上锅盖，放入预热180℃的烤箱中烤制约13分钟。如果用明火加热，可以小火加热10分钟。

14 平底锅中加热1/2大勺橄榄油，放入步骤13的墨鱼圈，开大火翻炒。

19 在步骤18的锅中放入肉汤，1小撮盐及少许胡椒，搅拌均匀并将其煮沸。

24 取一个直径15厘米的圆形模具，将步骤23的材料倒入其中，在正中挖一个槽，倒入步骤15的材料，再用意大利香芹装饰，并在盘中摆上步骤12、16的材料。

15 在步骤10的锅中放入步骤14的墨鱼圈，搅拌均匀。再倒入步骤12的大蒜蛋黄酱，待煮至黏稠之后关火。

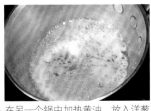

20 在另一个锅中加热黄油，放入洋葱末炒香。

要点
慢慢地将墨鱼鳍剥离身体

将墨鱼鳍从墨鱼身上剥离下来时，不宜用力太大，否则容易撕破墨鱼的身体。建议用食指和拇指固定住身体，慢慢地将鳍剥下。

16 制作墨鱼肠酱汁。用锡箔纸包住步骤05中取出的墨鱼肠，放入烤箱中烤约8分钟。

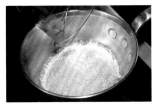

21 待锅中水分蒸发干之后，放入步骤17的大米，将其炒热。

一只手按住墨鱼身体，另一只手剥下墨鱼鳍。

掌握食材预处理&最后加工

看似简单的操作，却决定着料理的品质，其重要性不可忽视

lier
~勾芡~

用面粉、奶酪面粉糊、蛋黄等将酱汁或汤汁调得较浓稠。

放入材料之后立即搅拌均匀，以免结块或残留干粉。当要倒入水玉米淀粉时，应待锅中汤汁沸腾之后，边倒入边搅拌。

arroser
~淋油~

从烤鸡或煎牛排中会流出一些油，将这些油直接浇在食物的表面，可以继续加热。

不时用汤匙将锅底或烤盘上的油舀起来，浇在食物表面难以烤透，或容易变干的部位。

déglacer
~溶化~

炒完肉类和蔬菜之后，浇上小牛高汤等汤汁，将锅底的美味溶化在汤汁之中。

炒完肉类和蔬菜之后，一些美味会凝固在锅底。为免其烧焦，可以倒入高汤，并用刮勺搅动，将美味及时溶化在汤汁中。

écumer
~撇去浮沫~

煮制食材的过程中，不时用汤勺将汤面上的浮沫撇去。如不及时撇去，会影响成品的味道。

用汤勺将汤面上的浮沫舀出，盛在碗中，吹开表面的浮沫，将勺中剩余的汤汁倒回锅中。

熟练运用各种烹调方式

　　法国料理中除了炒、煮等主要的烹调方法之外，在食材预处理及最后加工阶段，还有各种不可缺少的工序。每一道工序都有其专用的名称，如煨（→第74页）、煎（→第196页）等，以下为您介绍本书中提及的工序。

　　将材料从汤汁中取出称为"滗"（décanter），这是将煮过或炒过的材料暂时取出，放在另一个容器中，仅留汤汁继续煮制。戳孔（piquer）则是用金属签在生的派皮或肉类表面扎出小孔，如此可缩短烹调食物的时间。鸡肉、猪肉在预处理阶段则经常要切掉多余的脂肪（dégraisser）。这个词还可以指在烤完肉类之后，倒去锅中多余的油分。

Saumon en croûte, sauce Choron

酥皮烤三文鱼搭配修隆酱汁

喷香烤派与蓬松慕斯的完美组合
修隆酱汁由法国19世纪名厨修隆（Alexandre étienne Choron）
发明

酥皮烤三文鱼搭配修隆酱汁

材料 (2～3人份)

三文鱼上侧的鱼肉（生）……200克
西葫芦……1/2根 (75克)
生派皮（冷冻）……300克
高筋面粉……适量
蛋液……适量
莳萝……1/4根
龙蒿……1/4根
橄榄油……1小勺
盐、胡椒……各适量

开心果扇贝慕斯的材料
扇贝柱……7个 (200克)
开心果……10克
蛋清……1/2个
鲜奶油……100毫升
盐、胡椒……各适量

修隆酱汁的材料
红葱头（或洋葱）……1个 (15克)
蛋黄……2个
白酒醋……40毫升
水……100毫升
番茄酱……1小勺
切碎的香草（包括龙蒿、莳萝）……2/3大勺
龙蒿茎……1根份
黄油……140克
盐、胡椒……各适量

摆盘装饰的材料
莳萝……适量

要点
生派皮放在冰箱中冷藏令其松弛

烹调时间	难度
120分钟	★★★

01 将三文鱼片成厚3毫米的薄片。① 残留在鱼皮上的三文鱼肉较难片下，建议用手按住鱼皮，将刀切入皮、肉之间，将鱼肉切下。

02 将三文鱼片摆放在浅盘中，用手指捻碎莳萝和龙蒿，撒在鱼片上。再撒上1小撮盐，少许胡椒，涂上橄榄油，放入冰箱冷藏约15分钟。

03 将西葫芦切成厚1～2毫米的薄片，撒上少许盐，再将其析出的水分擦净。

04 红葱头去皮并切碎。

05 将高筋面粉撒在操作台上，将解冻后的生派皮置于其上。用派皮滚刀将派皮以7∶3的比例分切成2块。

06 用擀面杖将较大的派皮延展成厚3毫米，面积20厘米×40厘米；将较小的派皮延展成厚2毫米，面积15厘米×35厘米。

07 制作开心果扇贝慕斯。切除扇贝柱上白色的部位，并切成适合入口的大小。② 切除难以煮透的部位。

08 将处理好的扇贝柱、1小撮盐、少许胡椒放入食物处理机搅拌。

09 搅拌均匀后，分2次倒入蛋清和鲜奶油，继续搅拌。

10 将步骤09的材料倒入碗中，放入切碎的开心果，用刮勺搅拌均匀。

11 用刷子在整块派皮上刷满蛋液。⑪蛋液只需薄薄刷一层，以起到黏合的作用。

16 将蛋液刷在派皮表面，再用步骤15中切下的边角料做出鱼眼、鱼嘴、鱼鳃，粘贴在派皮表面。用圆形的裱花嘴做出鱼鳞的花纹。

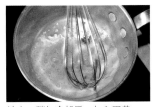

21 关火，稍加冷却后，加入蛋黄，一边用打蛋器搅拌，一边用小火加热。待蛋黄变得黏稠之后，将锅从灶上取下。

12 从冰箱中将步骤02的三文鱼取出1/3，摆放在小块派皮上，再在其上用刮勺铺上步骤10的慕斯。

17 放入预热230℃的烤箱中烤制约8分钟，让派皮在高温下膨胀。然后将烤箱温度降至190℃，继续烤制约20分钟。

22 将100克澄清黄油一点点加入步骤21的锅中，搅拌均匀。

13 在慕斯上方摆放其余2/3的三文鱼，并将步骤03的西葫芦片紧密地摆放其上。

18 待表面烤出褐色之后，将上部的派皮切下备用。

23 在步骤22的锅中放入番茄酱、1小撮盐、少许胡椒，搅拌均匀后将其过滤。

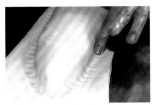

14 将步骤06的大块派皮覆盖在步骤13的材料上，用指尖将四周压紧，以免慕斯漏出。最后用保鲜膜覆住，放在冰箱中冷藏约30分钟。

19 制作修隆酱汁。参考第188页的方法，制作澄清黄油。

24 过滤之后将酱汁倒入碗中，倒入香草并混合搅拌。⑪香草切碎后，如放置时间太长则容易变色，因此请在食用之前再放入搅拌。

15 在大派皮的四周留出2厘米的边缘，并用刀切出鱼的形状。避开鱼鳍和鱼尾，在其他部位用刀划出等距的切口。

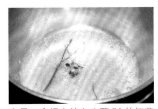

20 在另一个锅中放入步骤04的红葱头、龙蒿茎、白酒醋、水，煮至剩余45毫升汤汁。

25 将步骤18烤好的派从中间切开，装盘，浇上修隆酱汁，最后撒上莳萝作为装饰。

派皮、挞皮的各种用途

派皮、挞皮的边角料也可以用来制作甜品

塔丁苹果挞

挞皮

材料

挞皮（→第88页）……100克

A [水……30毫升
细白砂糖……30克

苹果……7个（1千克）
细白砂糖……75克
黄油……75克
香草枝……1/2枝

制作方法

①将挞皮铺展成4毫米厚，并在表面扎孔。然后再将挞皮展开得比烤盘略大，放入冰箱中冷藏。

②将步骤①的材料放入烤箱中烤制约20分钟后冷却。

③将材料A放入苹果烤盘（或放得进烤箱的锅）中，加热至表面呈褐色后冷却。

④在平底锅中放入黄油、细白砂糖，加热至表面呈褐色。

⑤将切成瓣的苹果、切开的香草枝放入锅中，开小火炒约15分钟后静置，待其水分蒸发。

⑥将冷却后的③和⑤摆放在一起，送入预热160℃的烤箱中烤制约50分钟，冷却使其凝固。

⑦将⑥倒入挞皮，切去多余的挞皮。

千层派

派皮

材料

派皮（冷冻）……150克
糖粉……适量
卡士达酱……250克
（做法参考下文）
君度酒……15毫升
（→第222页）
鲜奶油……100毫升

制作方法

①将派皮铺展成面积40厘米×30厘米的烤盘大小，放入冰箱中冷藏15分钟。

②将冷藏后的派皮放入预热200℃的烤箱中烤制约10分钟，将烤箱降至180℃后再烤10分钟。

③将烤过的派皮翻面，撒上糖粉。将烤箱升至210℃，继续烤7分钟，使表面的糖粉融化。

④将步骤③的派皮冷却后，切成9×30厘米的长方形。

⑤将打发过的鲜奶油、卡士达酱、君度酒一起装入裱花袋。

⑥将裱花袋中的材料挤出，夹在步骤④的派皮之间。还可以用樱桃、香草、糖粉装饰。

制作卡士达酱的方法

材料

牛奶……250毫升
香草枝……1/4枝
蛋黄……3个

细白砂糖……75克
低筋面粉……25克

制作方法

①锅中放入牛奶、香草枝并加热。

②将蛋黄、细白砂糖放入碗中并搅拌均匀，然后放入低筋面粉，再一点点倒入步骤①的材料。

③将步骤②的材料过滤进锅中，用中火加热至黏稠状态。

派皮和挞皮也可以用于烹制料理和制作甜品

派皮和挞皮经常出现在法国料理的菜单中，它们的用处还不少。派皮可以充当汤品的盖子用来保温，可以作为烤制乳蛋饼的容器，还可以裹住食材做成烤派包。除此之外，它们还可以在制作苹果挞、千层派时大显身手。

派皮可分为千层折叠派皮与简易折叠派皮两种，前者一般用于烹制料理。而挞皮面团则分为无糖的基本挞皮面团（pate brisee），以及加糖的甜酥面团（pate sucree）。制作乳蛋饼建议使用无糖的基本挞皮面团。但无论哪一种派皮或挞皮，都可以在市面上买到基底面团。

Filet de sole Duglèré

杜格莱烈比目鱼

这是法国伟大的主厨阿道夫·杜格莱烈（Adolphe Duglèré）
创造的一款料理

杜格莱烈比目鱼

材料 (2人份)

比目鱼……2条 (200克)

番茄……1个 (150克)

红葱头 (或洋葱) ……20克

洋葱……1/4个 (50克)

欧芹叶……1/2根份

白葡萄酒……50毫升

鱼高汤……从下述材料中取150毫升

鲜奶油……4小勺

水玉米淀粉……适量

黄油……75克

盐,胡椒……各适量

鱼高汤的材料

比目鱼骨……从上述材料中获得

洋葱……15克

红葱头 (或洋葱) ……5克

芹菜……10克

水……300毫升

A ⌈ 柠檬片……1片
  │ 白葡萄酒……50毫升
  │ 欧芹茎……1根
  │ 百里香……1根
  │ 月桂叶……1片
  └ 白胡椒粒……8粒

配菜的材料

面条 (参考第176页) ……100克

融化的黄油……5克

盐,胡椒……各适量

摆盘装饰的材料

雪维菜

要点
酱汁中加入黄油后必须立即搅拌均匀

烹调时间	难度
*100*分钟	★★★

01 处理比目鱼。在比目鱼的鱼嘴周围抹一些盐,以防手抓时打滑。用手抓住鱼嘴,另一只手撕开黑色的鱼皮,将鱼皮和鱼鳞全部撕下。

02 用同样的方法,将另一面的白色鱼皮和鱼鳞全部撕下。或者一只手按住鱼头,另一只手垫着干布,将鱼皮撕下。

03 切去鱼头。将鱼头泡在冰水中,去除里面的鱼血。取出鱼内脏丢弃,鱼头用于熬汤。

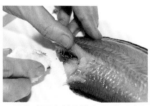

04 用湿布或厨房纸巾将鱼头附近残留的鱼泡擦净。

05 将比目鱼切成5块。沿着鱼鳍的根部 (边缘侧) 划下一道刀口,沿着另一侧的鱼鳍根部划下另一道刀口。

06 切到鱼脊骨附近时,用手打开鱼身,同时沿着脊骨切入。刀向鱼鳍根部移动,将鱼肉彻底切离鱼骨。

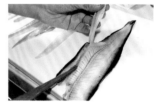

07 将鱼翻面,用相同方法将另一面的鱼肉彻底切离鱼骨。经过步骤05～07,整条比目鱼已被切分成正面鱼肉2片、背面鱼肉2片及脊骨,共计5个部分。

08 将脊骨切成3段,与步骤03中切下的鱼头一起泡入冰水中。

09 用刀在靠近鱼皮的鱼肉表面划几道刀口 (切断筋),撒上1小撮盐、少许胡椒。㊟ 如不切断筋,加热时会导致鱼肉收缩。

10 将1片正面鱼肉和1片反面鱼肉叠在一起,鱼皮部分朝内,将鱼肉的两端折叠起来。另外一组鱼肉也如此叠在一起。

11 制作鱼高汤。将洋葱、红葱头、芹菜分别切成 2 ~ 3 毫米的薄片。

12 锅中放入水、步骤 11 的蔬菜、步骤 08 的鱼骨，并倒入材料 A 后加热。待锅中汤汁煮开之后，改小火继续煮约 20 分钟。⑬ 用汤勺将汤面的浮沫舀去。

13 在平底锅中加热 5 克黄油，将番茄去皮并切成 5 毫米的小块，红葱头切碎，将这两样材料的一半与欧芹、洋葱的一半一起放入锅中。

14 在上述材料之上摆放步骤 10 的比目鱼肉，撒上剩余的蔬菜及欧芹，最后倒上白葡萄酒。

15 将步骤 12 的汤汁用滤勺过滤，流入步骤 14 的锅中。

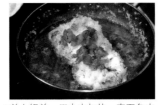

16 盖上锅盖，用小火加热，直至鱼肉变白。

17 取出鱼肉，改中火，将汤汁煮至原来的 1/3，再倒入鲜奶油。

18 搅拌均匀之后改小火，倒入 70 克黄油，用打蛋器混合搅拌，令其发生乳化。最后撒上 1 小撮盐、少许胡椒。

19 待黄油完全融化之后，倒入水玉米淀粉勾芡汤汁。

20 制作配菜。在含有 1% 盐分的热水中放入面条，煮约 3 分钟。

21 将融化的黄油与少量盐、胡椒一起放入碗中。

22 面条煮好后放入碗中，用 V 形夹子搅拌均匀。

23 将步骤 22 的面条铺在盘中，将步骤 17 的鱼肉摆放其上。浇上步骤 19 的酱汁，最后装饰以雪维菜。

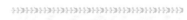

要点
如何制作
口感顺滑的酱汁

制作酱汁时，一加入黄油就必须用打蛋器搅拌均匀。否则，稍加静置，油分便会与汤汁分离，而浮于表面。后续即便加以搅拌，也无法混合均匀。

黄油融化之前就应开始充分搅拌。

尝试用小型意大利面条机来制作面条

在自家厨房里也可以做出法式面条

面条

材料

高筋面粉……
90克
鸡蛋……1个
盐……1小撮

制作方法

❶碗中放入高筋面粉、鸡蛋、盐,用叉子搅拌均匀。

❷将步骤①的材料倒在操作台上,将面团揉至表面光滑。

❸用保鲜膜覆住面团,放在冰箱中冷藏,醒面约20分钟。

❹用擀面杖将面团摊成厚1厘米的面皮。

❺将小型意大利面条机的刻度调到最大,开始压面。

❻将面条机的刻度移到正中,将面皮压成原厚度的一半。

❼将面皮对折,旋转90°,重复步骤⑤、⑥的操作,一点点调小面条机的刻度值,最后压出厚1～2毫米的面皮。

❽将面皮晾20分钟后,切成宽1厘米的面条。

如果手边没有面条机

从上述步骤③开始,用干燥的毛巾将面团包住,醒面超过30分钟。将醒好的面团放在铺满大量面粉的操作台上,用擀面杖将其擀成厚1～2厘米的面皮。为免面团太过干燥,可不时用毛巾将其包住,令其中的麸质松弛。最后将面皮用刀切成宽1厘米的面条。

要点

使用面条机压面时,切不可用手拉扯。如用力不当,容易将面条扯断。

法式面条也是配菜常用的食材

法语中将面条统称为“nouille”。将口感劲道的面条铺在鱼、肉等主菜下方作为配菜,也是法国料理中常见的做法。

将面团擀成面皮之后,不必急着切成面条。建议将面皮在常温下静置约20分钟,松弛的麸质可使面皮更方便切成面条。另外,擀面工序可分数次进行,以使面皮厚薄均匀,切出美观的面条。

借助意大利面条机,可以高效地进行压面、切面。面条机分为手动和自动两种,适合新手轻松制作新鲜的意大利面。如果做出的面条无法一次用完,可将其在常温下干燥20分钟,用保鲜膜包住放入冰箱,保存2～3天。

盐烤鲷鱼搭配鳀鱼酱汁

若有若无的香草气息魅惑着食客的味蕾

177

盐烤鲷鱼搭配鳀鱼酱汁

材料 (2人份)

鲷鱼……1条 (500克)
蛋清……40克
百里香……1根
迷迭香……1根
月桂叶……1片
橄榄油……1大勺
粗盐 (或精盐) ……1.2千克
胡椒……适量

蔬菜杂烩的材料

西葫芦……1/2根 (75克)
茄子……1/3根 (50克)
番茄 (小) ……1/2个 (50克)
大蒜……1/2瓣
百里香……1/4根
橄榄油……2大勺
盐,胡椒……各适量

鳀鱼酱汁的材料

鳀鱼酱……2小勺
水……4小勺
柠檬汁……少许
黄油……50克
盐,胡椒……各适量

摆盘装饰的材料

混合香草 (百里香,月桂叶,迷迭香) ……各适量

要点
鲷鱼临放入烤箱时再用盐包上

烹调时间	难度
90分钟	★★★

02 用剪刀修剪尾鳍的形状,并将背鳍、胸鳍、腹鳍全部剪掉。如上图所示,留下腹鳍上长且粗的鱼骨。

07 用百里香、迷迭香、月桂叶、胡椒抹在鲷鱼身体表面,并用橄榄油将整条鱼抹遍,静置20分钟。

03 打开鱼鳃,用剪刀将鳃盖上、下根部剪断。

08 在烤盘上均匀地抹一层橄榄油。

04 掀开鱼鳃盖,将整个鱼鳃和内脏拖出体外。

09 在碗中放入粗盐。倒入蛋清以使粗盐便于凝固。

05 将鱼嘴对准水龙头,一边用水冲,一边用筷子插入鱼嘴,将鱼泡戳破,清理残余内脏。将鱼身倒过来,倒净体内水分,用布擦干。

10 用手将碗中的蛋清和粗盐搅拌均匀。

01 处理鲷鱼。用剪刀从鱼的肛门处剪开1厘米长的口子,剪刀尖伸进鱼的体内,将与肛门相连的鱼肠剪断。

06 打开鱼鳃,将百里香、迷迭香、月桂叶塞入以去除鱼腥味。

11 将1/3的粗盐铺在步骤08的烤盘中,并将步骤07的鲷鱼置其上。

12 将剩余的粗盐盖在鲷鱼身上，用手轻轻按压，以使粗盐包住整条鱼并定型。然后放入预热 200℃ 的烤箱中烤制约 20 分钟。

17 将直径 9 厘米的圆形模具放在烤盘上，用筷子将西葫芦、茄子、番茄片依次夹起，在模具中摆出上图中的造型。

22 用刀沿着背鳍切入，将其切成两片。将带鳞片的鱼皮整个揭下，鱼头部分也很美味，因此将鱼头部分的皮也一并揭下。

13 制作蔬菜杂烩。西葫芦、茄子、番茄分别切成厚 2 毫米的薄片。大蒜剥皮，去芯，用砧板压扁。

18 脱模后，撒上少许盐、胡椒，放入预热 200℃ 的烤箱中烤制约 5 分钟。

23 用刮片小心地将鱼身分别盛起，装盘，注意避免破坏鱼肉的完整。最后剔净鱼刺。

14 平底锅中倒入橄榄油、百里香、大蒜并加热。

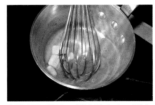

19 制作鳀鱼酱汁。锅中放入水、鳀鱼酱、黄油并加热。

24 将步骤 18 的蔬菜杂烩摆放在盘中，并以百里香、迷迭香、月桂叶装饰，最后浇上鳀鱼酱汁。

15 待大蒜爆香之后，将西葫芦和茄子片摆在锅中，将两面都煎出褐色。

20 待黄油融化之后，将锅中材料搅拌均匀，关火。趁着锅中余温尚存时倒入柠檬汁，搅拌均匀，最后撒入少许盐、胡椒。

要点
如何避免
鱼肉过咸

如果剥除鱼鳞后再进行盐烤，盐分就会直接渗入鱼肉，使其变得过咸。因此应在送入烤箱之前再包上盐。

16 取出蔬菜摆在厨房纸巾上，去除多余的油分。

21 将鱼从烤箱中取出之后，在常温中静置 10 分钟，然后用小锤子轻轻敲击包在鱼身的盐块使之掉落。贴近鱼身的盐则用刷子刷掉。

用手轻压，使盐将鱼身包裹严实之后再送入烤箱。

法国料理中绝不可少的食材——野味

野外猎获的野禽,走兽应该如何烹调成美味呢?

野禽 (gibire à plume)

野禽是生活在山林中的鸟类。

野鸽
ramier

法国境内生活着大量的野鸽。出生不足1年的野鸽肉质鲜嫩,因此很受食客欢迎,适合整只炖煮,烧烤。

山鹑
perdrix

雉科小型鸟类,肉色白,味清淡,适合蒸煮,蒸烧等需要长时间烹制的做法。

雉
faisan

雉科鸟类,多以不足1年的雉入菜。串烤,烧烤(第196页),以及包在锡箔纸里烤(第138页)。

走兽 (gibire à poil)

除野禽之外,另一类野味则是走兽。在日本可以买到从法国进口的走兽。

野鹿
chevreuil

法国料理中使用的野鹿,一般要求在2岁以下。因其肉味强烈,适合搭配重口味的酱汁来食用。

野猪
sanglier

1岁左右的野猪较适宜食用,而出生6个月之内的野猪,肉质尤其鲜嫩。其口感接近猪肉,但比猪肉略硬。

野兔
lièvre

野兔体型较小,香槟地区和加斯科涅地区是其主要产区。因野兔肉腥膻味较重,一般需用葡萄酒腌制之后再加以烹制。

野味稀少,以其烹制的料理更是难得

野味是指在狩猎中捕获,用于烹调的野禽或走兽,可以说是法国料理特有的食材。走兽是指"长皮毛的野味",既包括野鹿、野猪等大型动物,也包括野兔及其他小型动物。而野禽则指"长翅膀的野味",包括雉、野鸭、山鹑等。

在法国,只有秋、冬两季是狩猎季。野味的捕获量不稳定,直接影响着料理的供应量。因此,野味便成为稀有、昂贵的料理。近年来,禁猎的野生动物越来越多,其中丘鹬,斑鸠已经禁止买卖,因此在法国的餐厅中再也吃不到这些野味了。

(编者注:本页提及的某些野禽在中国成为保护鸟类。)

香烤白肉鱼搭配韭葱酱汁

覆在面皮上的迷迭香是此道料理的重点

香烤白肉鱼搭配韭葱酱汁

材料 (2人份)

石鲈……1条 (350克)
盐,胡椒……各适量

蘑菇馅料的材料

红葱头 (或洋葱) ……10克
蘑菇……8个 (60克)
菠菜……1/5把 (40克)
鲜奶油……4小勺
黄油……10克
盐,胡椒……各适量

煮鱼汤的材料

鱼骨……从上述材料中获取

A ┌ 洋葱……20克
│ 红葱头 (或洋葱) ……10克
│ 芹菜……15克
│ 蘑菇蒂……从上述材料中取
│ 8个
│ 柠檬片……1片
│ 水……350毫升
│ 苦艾酒 (或白葡萄酒) ……70
│ 毫升
│ 欧芹茎……1根
│ 百里香……1根
│ 月桂叶……1片
└ 白胡椒粒……3粒

混合黄油面皮的材料

切碎的大蒜……少许
格吕耶尔奶酪……10克
生面包粉……30克
迷迭香……少许
黄油 (常温) ……30克
盐,胡椒……各适量

韭葱酱汁的材料

韭葱 (或大葱) ……60克
毛豆 (速冻毛豆亦可) ……25克
蚕豆 (速冻蚕豆亦可) ……25克
肉汤 (参考第78页) ……120毫升
苦艾酒 (或白葡萄酒) ……2大勺
水玉米淀粉……适量
黄油……5克
橄榄油……1小勺
盐……适量

01 处理石鲈。将鱼放在水龙头下,一边冲水一边刮鱼鳞,然后将鱼擦净。刀从鱼鳃后部斜切而入。

02 将鱼翻面,以同样方法斜切而入,将鱼头切下。从肛门向鱼头方向将鱼腹切开,取出内脏。

03 用刀尖将鱼腹内的鱼泡戳破,在水中洗净残血和残留的内脏,并用竹签将残留在缝隙中的污物清理干净。

04 用手打开鱼鳃盖,从中取出鱼鳃和内脏。用削皮器 (参考第222页) 或菜刀挖出鱼眼睛。

05 将刀伸进鱼嘴,直切下去,切断鱼头。摊开鱼头,将鱼头2等分,然后泡入盛冰水的碗中,洗净血污。

06 将刀切入鱼体内,沿着脊骨切至鱼尾处。将鱼倒转一个方向,从鱼背处切入,沿着脊骨将鱼肉切下。

07 将鱼翻面,用相同方法将鱼肉切下。切除残留在体内的大骨,与切成段的中骨一起放入步骤05的冰水中洗净。

08 拔去鱼刺,剥去鱼皮。切鱼肉时,越接近鱼尾切得越小,将大片鱼肉叠放在小片鱼肉上方,再撒上1小撮盐、少许胡椒。

要点
韭葱应用
小火煮

烹调时间	难度
120分钟	★★★

09 制作蘑菇馅料。将煮过的菠菜、去蒂的蘑菇、红葱头切碎。

182

10 锅中加热黄油，放入红葱头，炒香之后倒入蘑菇，开大火翻炒。

15 在托盘上铺一层保鲜膜，放上步骤 08 的鱼片，再将步骤 11 的蘑菇馅料置于其上，最后覆上步骤 14 的黄油面皮。

20 制作韭葱酱汁。将韭葱竖切成两半，洗净其表面的泥土，然后切成宽 1 厘米的小段。

11 蘑菇炒至变色之后，放入菠菜、鲜奶油、少许盐及 1 小撮胡椒，搅拌均匀后关火，隔着冰水稍加冷却。

16 熬鱼汤。将步骤 07 冰水中的鱼头、鱼骨，以及材料 A 全部放入锅中，煮开后撇去汤面的浮沫，改小火继续煮约 20 分钟。

21 将毛豆和蚕豆放入含 1% 盐分的热水中煮过之后剥皮，取豆。如使用速冻品，则在解冻之后再剥皮。

12 制作混合黄油面皮。用奶酪擦丝器将格吕耶尔奶酪擦成丝，迷迭香切碎。

17 熬好鱼汤后倒入滤勺，将材料与汤汁分离。

22 锅中加热黄油和橄榄油，放入步骤 20 的韭葱，撒上 1 小撮盐，用小火煮。

13 将黄油、生面包粉、步骤 12 的奶酪丝、迷迭香、大蒜、1 小撮盐、少许胡椒放入碗中，搅拌均匀。

18 在一个耐热容器中抹上黄油，放上步骤 15 的材料，注意保持其完整。将步骤 17 的汤汁倒入容器，以没过鱼肉一半为宜。

23 待韭葱煮软之后，倒入苦艾酒，待酒精挥发之后，倒入肉汤，继续煮约 5 分钟。

14 将步骤 13 的材料包在保鲜膜中，用擀面杖将其擀平。取下保鲜膜，用刮片将面皮切成两块，其大小与步骤 08 的鱼皮相当。

19 将步骤 18 的材料放入预热 230℃ 的烤箱中烤制约 12 分钟，待烤出褐色之后取出，放在铺有厨房纸巾的托盘中，吸去多余的油分。

24 倒入水玉米淀粉加以勾芡，再放入毛豆和蚕豆，搅拌均匀。最后将韭葱酱汁盛在盘中，摆好毛豆和蚕豆，最后将鱼放在盘子中央。

法国人经常食用的奶酪

奶酪是法国人生活中不可或缺的食材,可作为甜品食用

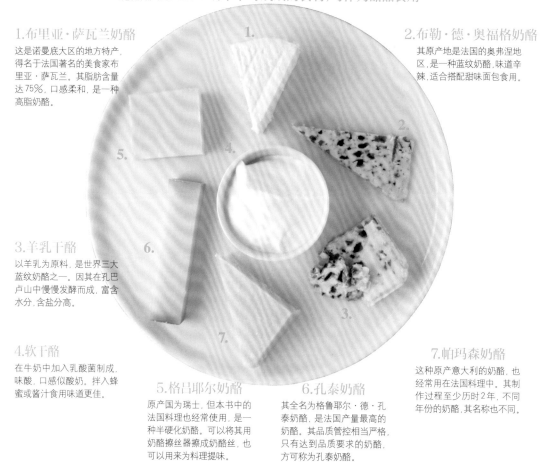

1.布里亚·萨瓦兰奶酪

这是诺曼底大区的地方特产,得名于法国著名的美食家布里亚·萨瓦兰,其脂肪含量达75%,口感柔和,是一种高脂奶酪。

2.布勒·德·奥福格奶酪

其原产地是法国的奥弗涅地区,是一种蓝纹奶酪,味道辛辣,适合搭配甜味面包食用。

3.羊乳干酪

以羊乳为原料,是世界三大蓝纹奶酪之一。因其在孔巴卢山中慢慢发酵而成,富含水分,含盐分高。

4.软干酪

在牛奶中加入乳酸菌制成,味酸,口感似酸奶。拌入蜂蜜或酱汁食用味道更佳。

5.格吕耶尔奶酪

原产国为瑞士,但本书中的法国料理也经常使用,是一种半硬化奶酪。可以将其用奶酪擦丝器擦成奶酪丝,也可以用来为料理提味。

6.孔泰奶酪

其全名为格鲁耶尔·德·孔泰奶酪,是法国产量最高的奶酪。其品质管控相当严格,只有达到品质要求的奶酪,方可称为孔泰奶酪。

7.帕玛森奶酪

这种原产意大利的奶酪,也经常用在法国料理中。其制作过程至少历时2年,不同年份的奶酪,其名称也不同。

经严格质量管控的法国奶酪

　　"cheese"(奶酪)一词是英语,法语则称为"fromage"。奶酪是法国人日常生活中绝不可少的食品,几乎每一餐都要食用。

　　奶酪分为加工奶酪与天然奶酪两大类。而加以细分的话,又可分为尚未熟成的新鲜奶酪,表面覆盖绿霉菌的蓝纹奶酪,覆盖白霉菌的白霉奶酪,用羊奶制成的羊奶酪,熟成期间必须不时以盐水和酒清洗表面的水洗软质奶酪,因抽干水分而变硬的半硬质奶酪、硬质奶酪等7种。

　　与葡萄酒一样,法国产的奶酪也必须由A.O.C(→第222页)严格管控质量。只有忠实地按照当地传统制造,在指定地区熟成,香味和口感均达到品质规定的奶酪,方可获准称为"A.O.C.奶酪"。

Filete d´Itoyori en écailles

土豆鱼鳞煎金线鱼

用土豆做成的鱼鳞惟妙惟肖

185

土豆鱼鳞煎金线鱼

材料 (2人份)

金线鱼(或鲷鱼)……1条(300克)
土豆……2个 (300克)
紫洋葱……1/2个 (120克)
玉米淀粉……1大勺
黄油……5克
融化的黄油……20克
橄榄油……3又1/3大勺
玉米淀粉,盐,胡椒……各适量

鱼高汤的材料

金线鱼骨……取自上述材料
洋葱……20克
红葱头 (或洋葱) ……10克
芹菜……15克
蘑菇……2个
柠檬片……1片
水……350毫升
白葡萄酒……50毫升
欧芹杆……1根
百里香……1根
月桂叶……1片
白胡椒粒……3粒

迷迭香风味酱汁的材料

红葱头……25克
迷迭香……1/4根
白葡萄酒……40毫升
味美思酒 (或白葡萄酒) ……40
毫升
橙汁……40毫升
鱼高汤……从上述材料中取
300毫升
鲜奶油……50毫升
水玉米淀粉……适量
黄油……15克
盐,胡椒……各适量

红酒酱汁的材料

切碎的红葱头……1小勺
红葡萄酒……80毫升
小牛高汤 (参考第38页) ……
40毫升
水玉米淀粉……适量

摆盘装饰的材料

迷迭香……适量

01 处理金线鱼。刮去鱼鳞,刀从鳃盖斜切而入。另一面也如此切入,打开鱼腹,切除整个内脏及鱼头。

02 用刀尖将鱼腹内的鱼泡刺破,在水中洗净血污及残留的内脏。

03 用削皮器 (参考第222页) 或菜刀将鱼眼睛挖出。刀伸进鱼嘴,将鱼头从中央剖开,切成2等分。

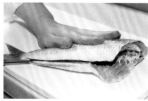

04 刀从取出内脏的部分伸入,沿着脊骨直切到鱼尾附近。

05 将鱼倒转一个方向,刀从鱼背面切入,沿着脊骨向鱼腹方向切开,将鱼肉切下。

06 另一面鱼肉也用相同方法切下,如此便将鱼切分成2片鱼及肉鱼骨三部分。

07 将残留在鱼肉上的刺用刀切下,并拔出剩余的细刺。将大鱼骨切成段,与步骤03的鱼头一起泡入冰水中。

08 土豆削皮,用直径1.8厘米的圆管模具剜成圆柱状。⑪应从土豆边缘向中间剜,以避免浪费。

09 将土豆切成厚1毫米的薄片,与融化的黄油,玉米淀粉,1小搓盐,少许胡椒一起放入碗中并搅拌均匀。

10 在步骤 07 的鱼肉上撒上 1 小撮盐、少许胡椒。在带皮的一面用滤茶网将玉米淀粉均匀地筛落在鱼皮上。

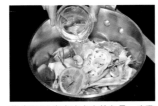

15 将步骤 07 泡在冰水中的鱼骨、步骤 14 的材料、百里香、月桂叶、欧芹杆、白胡椒粒、白葡萄酒倒入锅中。

20 如汤汁不够黏稠，可倒入水玉米淀粉勾芡。将酱汁用滤网过滤，过滤时可用刮勺轻轻按压。

11 用筷子夹起步骤 09 的土豆片，从鱼尾开始，逐片向鱼头部分摆放在鱼片上。然后放入冰箱中，以便黄油凝固。

16 倒入水并加热。待水烧开之后，将火改小，保持锅中汤汁微微沸腾的状态。一边煮一边不时舀去汤面的浮沫，待 20 分钟之后用滤网过滤汤汁。

21 制作红酒酱汁。锅中放入切碎的红葱头、红葡萄酒、小牛高汤，用小火煮至原来的 1/3。

12 平底锅中加热橄榄油，鱼皮朝下放入锅中煎。①煎的时候，橄榄油须没过土豆。

17 制作迷迭香风味酱汁。锅中放入黄油、切碎的红葱头、迷迭香。

22 倒入水玉米淀粉，用刮勺搅拌，搅拌至上图中的浓稠度既可。最后用滤网过滤。

13 当土豆煎成褐色时，将鱼肉翻面，用极小的火继续煎。用金属签插入鱼肉，如鱼肉中间已热透，即说明鱼肉已煎好。

18 将步骤 16 的鱼高汤、白葡萄酒、苦艾酒、橙汁倒入锅中，煮约 15 分钟。

23 平底锅中加热黄油，将紫洋葱切成厚 1 厘米的洋葱圈，两面煎出褐色。

14 制作鱼高汤。将洋葱、红葱头、欧芹、蘑菇分别切成厚 2～3 毫米的薄片。

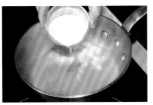

19 待汤汁煮至原来的 1/3 时，倒入鲜奶油、1 小撮盐、少许胡椒。

24 将步骤 20 的汤汁倒在盘中，铺上步骤 23 的洋葱圈，再在其上放置步骤 13 的鱼肉。将步骤 22 的酱汁滴成圆形，并用竹签画出上图中的花纹。最后将迷迭香装饰在鱼肉上。

黄油形态的变化及如何制作澄清黄油

澄清黄油是与细腻的法国料理相匹配的一种材料

如何制作澄清黄油

黄油融化之后，乳清与油脂分离，前者沉淀，后者则漂浮在上层，将其取出即得到澄清黄油。因是纯粹的油脂，不像一般的黄油那样容易烧焦。

❶140克的无盐黄油可以提取出100毫升澄清黄油。将无盐黄油放入碗中，隔水加热使之融化。

❷当黄油分离成黄色和白色两层之后，用勺子将浮在表面的澄清液体舀出，即得到澄清黄油。

加热黄油时形态的变化

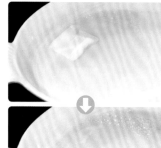

将黄油静置锅中，对其缓慢加热。如此可将黄油分为气泡、脂肪层、乳浆（不含蛋白质的水溶液）。

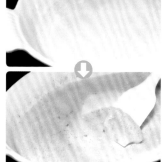

出现大量气泡，伴有水分蒸发时的"噼啪"声。乳浆沉淀在锅底，气泡与脂肪层留在上层。此种状态下的黄油可作为液态黄油使用。

气泡消失后，水分蒸发殆尽，沉积在锅底的成分变成淡褐色。此种状态下的黄油可作为焦化黄油（beurr noisette）使用。

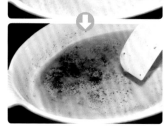

继续加热，黄油颜色变得更深。分离为上部的油脂，和底部黑色的油渣。

口味厚重的黄油是法国人舌尖上的宠儿

黄油是将牛奶搅拌之后制成的乳制品，可分为含盐与无盐两大类。此外，还有奶油发酵制成的发酵黄油与无发酵黄油之分。法国人一般食用发酵黄油。

法国人大多使用黄油来炒菜，以黄油入菜的料理也很常见。其浓厚的风味和厚重的口味，与法国人的味蕾十分契合。

但黄油经高温加热非常容易烧焦，从而影响料理的品质。为免于此，可以在加工料理的最后一道工序中浇上澄清黄油。因澄清黄油不似普通黄油那样容易烧焦，而且调在酱汁中也不致将其稀释。

Poisson à la vapeur d'algues

鸡冠菜蒸鲈鱼扇贝柱

此道料理好比扇贝柱与鸡冠菜漂浮在酱汁的"海洋"中

189

鸡冠菜蒸鲈鱼扇贝柱

材料（4人份）

鲈鱼……1条（150克）
扇贝柱　3个（00克）
绿鸡冠菜（盐渍）……50克
红鸡冠菜（盐渍）……50克
白葡萄酒……2大勺
盐，胡椒……各适量

海胆风味白葡萄酒酱汁的材料

红葱头（或洋葱）……10克
海胆……1大勺
鱼高汤（参考第192页）……100毫升
白葡萄酒……100毫升
鲜奶油……80毫升
水玉米淀粉……适量
黄油……10克
盐，胡椒……各适量

摆盘装饰的材料

海胆，细香葱，地肤子……各适量

要点
**鸡冠菜必须
去除其中的盐分**

烹调时间	难度
70分钟	★★★

02 将鱼翻面，刀从鳃盖处斜切而入，将鱼头切下。从鱼肛门位置向鱼头方向切开鱼腹，取出内脏。

07 用刀将残留在鱼肉上的刺剔除。⑪将刀尖插入鱼肉与鱼骨之间，挑动刀尖，慢慢将鱼肉剥离。

03 刀从取出内脏的位置伸入，沿着脊骨直切至鱼尾附近。⑪应将刀面贴着鱼身，利用整个刀尖来移动刀身。

08 一只手提起鱼皮，将刀伸入鱼肉与鱼皮之间，上下移动刀面，将鱼皮彻底剥离鱼肉。

04 将鱼倒转一个方向，刀从鱼背一侧伸入。沿着脊骨，朝鱼腹方向切开。

09 用拔刺器将残留在鱼肉上细小的鱼刺拔除，将大约150克的鱼肉切成宽1厘米的鱼片。

05 将鱼尾和鱼肉切下。一只手按住尚未与鱼骨分离的鱼身，另一只手垫着毛巾将鱼尾部分提起，将上半片鱼肉剥下。

10 用手摘除扇贝柱上白色的部位，后续用来制作酱汁。将扇贝柱切成等厚的两片。

01 处理鲈鱼。刀从鳃盖处斜切而入。

06 将鱼翻面。背面也用同样方法切开，与步骤04一样，将另一面的鱼肉与鱼骨切开。

11 将绿、红鸡冠菜泡在大量水中，以析出其中的盐分。洗净之后滤干。

12 滤干之后，取出一半量，铺在一个耐热容器中。

17 制作海胆风味白葡萄酒酱汁。将切碎的红葱头、白葡萄酒、鱼高汤倒入锅中并加热。

22 将滤网倒扣在盘子上，将海胆放在网眼上，用刮片按压，以挤出海胆中的水分。⑬可以在盘子下铺一块毛巾，以防倒扣的滤网打滑。

13 将步骤09的鲈鱼片呈扇形摆在鸡冠菜之上。

18 待汤汁烧开之后，放入步骤10摘除的扇贝柱的白色部位，继续将汤汁煮至原来的1/4左右。

23 在步骤20的锅中放入海胆和黄油，用刮勺混合搅拌均匀。

14 将步骤10的贝柱片放在步骤13空出的位置上。

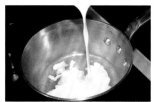

19 倒入鲜奶油，用刮勺搅拌均匀。

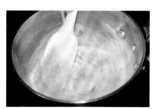

24 待海胆和黄油融化之后，撒入1小撮盐、少许胡椒并搅拌。如有需要，可倒入水玉米淀粉以勾芡。

15 将步骤12中未使用的另一半鸡冠菜铺在步骤14的鱼片和贝柱片之上，将白葡萄酒浇在所有材料上。

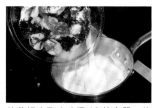

20 从蒸锅中取出步骤16的容器，将蒸出的汤汁倒入步骤19的材料中，搅拌均匀。

25 将酱汁用滤勺过滤。

16 将容器放入蒸锅中，盖上锅盖蒸约5分钟，如果使用微波炉，应覆上保鲜膜加热3分钟左右。

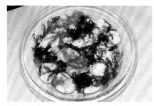

21 将鸡冠菜和鱼肉、扇贝柱放回蒸锅中保温。

26 将过滤后的酱汁倒在盘中，将步骤21的鲈鱼片、扇贝柱置于其上，并以鸡冠菜装饰。最后再摆上海胆、细香葱、地肤子。

熬制鱼高汤,熬出鱼肉的美味和精华

鱼高汤(fumet de poisson)是取材自鱼的美味汤汁

鱼高汤

材料 (约1升量)

比目鱼……1千克,洋葱……60克,红葱头……20克,芹菜……30克,蘑菇……2个 水……1升,白葡萄酒……100毫升,百里香……1根,月桂叶……1片,白胡椒粒……3粒

❶ 从鱼头一侧开始将将比目鱼皮剥下,切掉鱼头和鱼鳃部,去除内脏、残余血块。在水龙头下洗净鱼身,切成大块。

❷ 将步骤①的材料在冰水中浸泡约5分钟,以去除未尽的残血和杂质。

❸ 将切薄的洋葱、红葱头、芹菜、蘑菇,以及水、白葡萄酒倒入锅中。

❹ 将鱼从冰水中取出、擦净,放入锅中,并放入百里香、月桂叶、白胡椒粒,待水烧开之后改小火,继续煮约20分钟。

❺ 将汤面的浮沫舀去,在滤勺中铺一张厨房纸巾,过滤煮好的汤汁。

要点

小火慢煮以熬出色泽漂亮的汤汁

当汤汁烧开时,应立即将汤面的浮沫舀去,改小火继续慢煮。否则大火会使浮沫再次溶入汤汁中,令其颜色浑浊不堪。

色泽浅淡的白肉鱼方能熬出纯净的鱼高汤

　　鱼高汤被分类在白色高汤中,主要以鱼骨熬制,经常用作鱼料理酱汁的基底,或直接用于烹制鱼类料理。在众多的鱼类中,比目鱼和金线鱼同属于白肉鱼,因而特别适合用来熬制鱼高汤。即便是价格低廉的鱼类,也可以熬出美味高汤。

　　制作鱼高汤通常是将所有材料放入锅中,加水熬制,或先炒蔬菜和鱼骨,再加水熬制。后者更能熬出材料中的精华,因此更适合用来作为酱汁的基底。

　　熬制鱼高汤时应避免煮过头,否则会使汤中带涩,或有损高汤的香味,因此以熬制30分钟左右为宜。且熬好的汤汁不宜保存,而应及早使用,以免其风味受损。

Maquereau à la meunière aux tomates

番茄罗勒风味
法式黄油烤鱼

热腾腾的香煎鱼肉遭遇脆生生的番茄，风味绝佳

番茄罗勒风味
法式黄油烤鱼

材料 (2人份)

青花鱼……1条(500克,使用一半)
低筋面粉……适量
黄油……5克
橄榄油……1小勺
盐,胡椒……各适量

生姜风味巴萨米克酱汁的材料
巴萨米克醋……80毫升
生姜汁……1小勺

花椰菜泥的材料
花椰菜……100克
土豆……100克
牛奶……80毫升
水……适量
黄油……10克
盐,胡椒……各适量

番茄罗勒配菜的材料
番茄……1个 (150克)
紫洋葱……20克
芹菜……20克
大蒜……1/2瓣
柠檬汁……2小勺
罗勒叶……2片
特级初榨橄榄油……4小勺
盐,胡椒……各适量

摆盘装饰的材料
罗勒……适量

要点
**应将酱汁煮至
一定黏稠度**

烹调时间	难度
90分钟	★★★

01 处理青花鱼。用刀刮去鱼鳞,刀从鱼鳃盖处斜切而入。将鱼翻面,用相同方法将鱼头切下。

02 从鱼肛门位置向鱼头方向切开鱼腹,取出内脏。

03 戳破鱼泡,用刀从切开的鱼腹中将鱼泡拖出。

04 用水洗净血污和残留的内脏。⑬青花鱼肉较脆弱,因此建议在装水的碗中清洗。

05 刀从取出内脏的部位伸入,沿着脊骨直切至鱼尾附近。

06 将鱼倒转一个方向,刀从鱼背一侧切入。沿着脊骨,朝鱼腹方向切开,切下鱼肉。

07 将鱼翻面。背面也用同样方法切下鱼肉。如此便将整条鱼切分成上、中、下三部分。鱼肉上残留的鱼刺用刀尖挑出(切下的鱼肉只使用一片)。

08 在浅盘中撒上 1 小撮盐,鱼皮朝上,将鱼肉对半切后放在浅盘中。再撒上 1 小撮盐、少许胡椒,静置片刻。

09 用厨房纸巾将鱼肉上、下覆住,吸干其中的水分。⑭吸出的水分腥味太大,不可再用。

10 用低筋面粉均匀地抹在青花鱼肉上,抖落多余的面粉。

11 在平底锅中放入橄榄油与黄油,待黄油融化并变色时,将青花鱼肉皮朝下放入锅中,用大火煎。

12 待鱼皮煎出褐色之后，将鱼肉翻面，改小火煎。待两面均煎出褐色之后夹出，放在厨房纸巾上，去除多余的油分。

17 烧开之后改小火，继续将蔬菜煮软。煮至用竹签可以轻松穿透土豆片。

22 将步骤 21 的材料、橄榄油、大蒜、柠檬汁、1 小撮盐、少许胡椒倒入并搅拌均匀，放在冰箱中冷藏约 30 分钟。

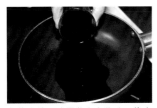

13 制作生姜风味巴萨米克酱汁。将生姜汁、巴萨米克醋倒入平底锅中，用小火煮约 10 分钟。

18 将步骤 17 的材料倒入滤勺，将材料与汤汁分离，然后将花椰菜和土豆片用捣碎器压烂。

23 将步骤 22 的材料从冰箱中取出，再放入罗勒，以防其变色。

14 用汤匙在锅底划动，出现上图中的条纹时，说明酱汁浓稠度适宜。建议使用不粘锅，以防烧焦。

19 锅中放入花椰菜和土豆、黄油、步骤 17 的汤汁，撒上 1 小撮盐、少许胡椒，继续煮成泥状。

24 将步骤 19 的蔬菜泥摆在盘中，将步骤 12 的青花鱼置于其上，再放上步骤 23 的配菜。在盘子的空白处倒上酱汁，最后用罗勒加以装饰。

15 制作花椰菜泥。将花椰菜切成小朵，土豆切成厚 1 厘米的薄片。

20 制作番茄罗勒配菜。罗勒用刀切碎，大蒜在砧板下压扁。

✗ 错误

先将青花鱼皮朝上煎

青花鱼下油锅时，如果将鱼皮朝上煎，会导致鱼皮无法煎出香脆效果。正确的做法是，在鱼皮上划出刀口后再下油锅，用锅铲轻压鱼肉较薄的部分，如此方能煎出理想的效果。

16 锅中放入牛奶、盐、步骤 15 的花椰菜、土豆片，加水至没过上述材料，开大火煮。

21 将紫洋葱和芹菜分别切成 3 毫米的小块，番茄剥皮，去籽，切成 1 厘米的小块。紫洋葱和芹菜用冷水浸泡以去除涩味。

先煎鱼皮，后煎鱼肉。

法国料理烹调法——"煎、烤"篇

通过烹调方式，充分释放并牢牢锁住食材的精华

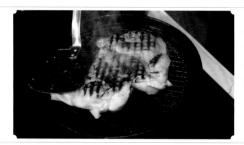

griller

烤

使用条纹煎锅，
将食材烤出格纹

使用条纹煎锅（→第12页），可以将食材表面烤出格纹，而且铁板上的凹槽还可以承接多余的油脂和水分，令烧烤出的食材更香。

sauter

煎

用充分的油脂煎

用平底锅煎称为"poêlé"，裹上面粉煎称为"meunière"，裹上面包粉煎称为"paner"。

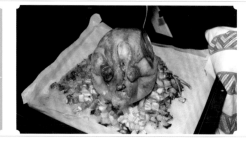

rôtir

烧烤

用明火炙烤，
或在烤箱内烤制

英语称为"roast"，是一种家常的烹调法，主要指将大块肉类（如全鸡）放入烤箱内烤制。一般会先将油脂刷在肉类表面，以防在烤制过程中流失肉中的精华，同时也方便定型。

"烧烤"料理的法国特色就在其名称之中

在法国料理中，仅"烧烤"这一种烹调法，也因厨具和方式的不同，而被赋予各种名称，其中又以"griller""sauter""rotir"最具代表性。这些名称既可以用来表示烹调法，也经常被直接标注在料理名称中。

在烹调过的材料上裹上奶酪或面包粉，高温烤制的方法称为"gratiner"，用锡纸包裹着鱼贝类食材，在烤箱中烤制的方法称为"cuire en papillote"。通过这种命名方式，我们从料理名称中即可知道这是一道以何种方式烹制而成的料理。

在日本也有不少用平底锅或其他厨具烧烤而成的料理，但还是以使用烤箱为多。法国的许多家庭都有配套的燃气炉，可以将整锅料理放入其中加热，烧烤更因此而在法国家庭中得以普及。

普罗旺斯风味香煎金枪鱼

半生金枪鱼与番茄风味酱汁互相成就

普罗旺斯风味香煎金枪鱼

材料 (2人份)

金枪鱼块……2片 (200克)
培根……30克
洋葱……1/2个 (100克)
熟透的番茄……1个 (150克)
青椒……1个 (40克)
红甜椒……1/3个 (50克)
法式泡菜……2根
大蒜……1/2瓣
法棍面包片……4片
番茄酱……1大勺
肉汤(参考第78页)……300毫升
白葡萄酒……40毫升
低筋面粉……适量
水玉米淀粉……适量
橄榄油……1大勺
黄油……10克
盐,胡椒……各适量

橄榄酱的材料

黑橄榄……30粒
鳀鱼酱……1/2小勺
醋浸刺山柑……1大勺
柠檬汁……2大勺
橄榄油……2大勺

摆盘装饰的材料

莳萝……适量

要点
蔬菜必须炒软

烹调时间	难度
50分钟	★★★

01 番茄去蒂,在沸水中泡过之后剥皮。对半切开,取出番茄籽,并切成5毫米的小块。

02 将青椒和红甜椒对半切开,去子,并切成宽5毫米的彩椒丝。

03 洋葱剥皮,切成宽5毫米的细丝。

04 培根切成长5厘米的条状,法式泡菜切碎。

05 用取核器取出黑橄榄核。如果没有取核器,也可以用刀切开橄榄肉取核。

06 法棍面包片斜切成厚5毫米的薄片,烤2~3分钟。

07 将1小撮盐、少许胡椒抹在金枪鱼块上,再裹上低筋面粉,多余的面粉用手抖落。

08 在平底锅中加热1/2大勺橄榄油及5克黄油。

09 待黄油变成褐色之后,将步骤07的金枪鱼块放入锅中,用大火煎。

10 待金枪鱼块两面煎出褐色之后竖起鱼块,将侧面也煎出褐色。

11 鱼块全部煎好之后,放在厨房纸巾上,吸去多余的油分。鱼块煎至半熟即可,否则容易煎过头。

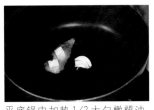

12 平底锅中加热 1/2 大勺橄榄油，将压扁的大蒜和 5 克黄油放入锅中，开中火加热。

17 番茄酱搅拌均匀之后，撒入少许盐和胡椒。

22 打开盖子，放入鳀鱼酱，继续搅拌。

13 待黄油变成褐色之后，放入步骤 04 的培根，煎至褐色，再放入步骤 03 的洋葱。⑪蔬菜须仔细翻炒。

18 待汤汁沸腾之后，撇去汤面的浮沫。撇去浮沫时应避开炒蔬菜的黄油。

23 倒入柠檬汁、橄榄油，搅拌成泥。

14 洋葱炒透之后，依次放入步骤 02 的青椒和红甜椒，步骤 04 的法式泡菜，仔细翻炒。最后倒入白葡萄酒。

19 浮沫撇净之后改小火，放入步骤 01 的番茄，继续煮 15 分钟，直至将蔬菜煮透。

24 在步骤 06 烤好的面包片上，涂抹搅拌好的橄榄酱。

15 待酒精挥发之后，倒入肉汤并搅拌均匀。

20 倒入水玉米淀粉勾芡，并调入盐、胡椒。

25 用刀将步骤 11 的金枪鱼块切成厚 1.5 厘米的鱼片。

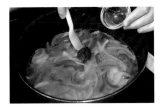

16 放入番茄酱，搅拌均匀之后开大火。⑪如果没有熟透的番茄，也可以改用大量的番茄酱。

21 制作橄榄酱。将刺山柑和步骤 05 的黑橄榄放入食物处理机内搅碎。

26 将步骤 20 的材料倒在盘中，并将步骤 25 的鱼片摆放其上，注意鱼片之间留出间隙。最后再摆上步骤 24 的面包片，以莳萝装饰。

烹制法国料理的诀窍与要点 38
"解剖"传统法棍
请看人称"法国面包"的本尊

什么是传统法棍?

也称长棍面包,是只使用面粉、水、盐做出的面包,指法棍面包之类用料和工艺简单的面包。

法棍面包分解图

剖面图

这也是传统法棍!

短棍面包(bâtard)
长约50厘米,只有三道裂口。其名称在法语中有"中间"之意。

面包心
面包内部,可见各种大小和形状的气泡,口感劲道弹牙。具有以上特点即证明这是一块上佳的面包。

裂口
面包表面的裂口。将整条法棍折弯时,裂口张得越开,说明面包越柔软。

面包皮
面包表面的一层。烤得恰到好处的面包,外皮金黄,口感脆,味道清香。

在法国可以吃到种类丰富的面包

　　法棍面包或法国乡村面包因其口味单纯,不影响料理的特点,成为享用法国料理时不可缺席的主食。在法国,面包店被称为"boulangerie"。

　　法棍面包制作原料简单,仅选用酵母菌、面粉、盐、水。且不使用酵母发酵,而是静置令其缓慢自然发酵后加以烘焙,因此非常有嚼劲。

　　在面团中加入起酥油烤制的甜酥面包(danish),加入鸡蛋、黄油烘焙的布里欧修面包(brioche)等,都属于维也纳甜面包(viennoiserie)的范畴。如名称前缀以"vien"(维也纳),说明其制作方法来源于奥地利维也纳。

Homard à l'américaine

龙虾搭配美式酱汁

此道料理将龙虾的精华释放到极致，当属法国料理中的顶级菜品

龙虾搭配美式酱汁

材料 (2人份)

龙虾 (小) ……2只 (450克)
番茄……1/2个 (75克)
芹菜……20克
洋葱……1/2个 (100克)
胡萝卜……50克
大蒜……1瓣
番茄酱……2大勺
肉汤 (参考第78页) ……600毫升
白兰地……25毫升
白葡萄酒……70毫升
鲜奶油……40毫升
百里香……1片
月桂叶……1片
奶酪面粉糊 (参考第94页)
……1小勺
橄榄油……1.5大勺
黄油……15克
盐、胡椒……各适量
大葱煮肉汤的材料
大葱……1根 (480克)
肉汤 (参考第78页) ……750毫升
盐、胡椒……各适量
煎菌菇类的材料
红葱头 (或洋葱) ……1个 (15克)
灰喇叭菌 (干) ……3克
牛肝菌 (干) ……3克
蘑菇……2个 (15克)
杏鲍菇……1/2根 (15克)
黄油……15克
盐、胡椒……各适量
摆盘装饰的材料
百里香……适量

要点
龙虾脑须浸泡在白兰地中去除异味

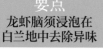

烹调时间	难度
120分钟	★★★

01 处理龙虾。用刷子刷掉龙虾表面的污物并冲净，双手握住身体两端，用力一扭，将龙虾头拧下。

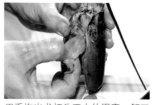

02 用手掏出龙虾头正中的胃囊。解开绑在龙虾钳上的橡皮筋。

03 用汤匙将龙虾脑挖出备用。

04 用力掰开腮盖，将龙虾壳剪成适宜的大小。

05 将龙虾的头、腹、壳、腮盖放入滤网中沥干水分。因后续要入热油锅，如残留水分，会导致油星飞溅。

06 将橄榄油倒入平底锅中用大火加热，待油锅冒烟时放入步骤05的材料，待材料变色时将其翻面。

07 待整个龙虾都变成红色之后改小火，倒入20毫升白兰地，加热出香味。待酒精挥发之后关火。

08 将洋葱、胡萝卜、芹菜、番茄分别切成5毫米的小块，大蒜剥皮、去芯，在砧板下压扁。

09 在另一个平底锅中放入黄油、大蒜、洋葱、胡萝卜、芹菜并翻炒。待炒香之后，放入步骤07的材料。

10 在炒龙虾的平底锅中倒入2大勺肉汤并加热。用勺子翻动汤汁，然后倒入步骤09的平底锅中。

11 倒入白葡萄酒、番茄酱、步骤08的番茄、步骤10剩余的肉汤、百里香、月桂叶，将汤汁烧开。

16 将滤网倒扣在盘子上，将步骤03取出的龙虾脑放在网眼上，用刮片按压，以挤出其中的水分。泡入5毫升的白兰地中去除异味。

21 红葱头切碎，蘑菇切成6瓣，杏鲍菇切成一口大小。

12 撇去汤面上的浮沫，改小火煮约20分钟。

17 在步骤15的锅中放入龙虾脑、鲜奶油、奶酪面粉糊并搅拌均匀。待煮沸后用滤勺过滤，撒入1小撮盐、少许胡椒。

22 平底锅中加热黄油，放入蘑菇和杏鲍菇翻炒。待炒成褐色之后，放入牛肝菌和灰喇叭菌，以及2大勺泡发水。

13 煮的过程中，将煮熟的龙虾钳和身体捞出。①开始煮后7～8分钟即可捞出。

18 制作大葱肉汤。大葱对半竖切，洗净大葱叶缝隙间的沙土，再对折并用捆肉绳捆紧。

23 待水分煮干之后，放入红葱头、1小撮盐、少许胡椒并搅拌均匀。

14 将龙虾横放，向下挤压，直至听到"咔嚓"断裂声。双手打开龙虾壳，取出龙虾肉。龙虾钳中的肉也要取出。

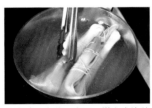

19 锅中放入大葱、肉汤，撒上少许盐、胡椒，盖上锅盖，用小火加热约20分钟，将大葱煮软。

24 将步骤14的龙虾肉切成1.5厘米宽，解开步骤19捆扎大葱的绳子，对半切开。将大葱铺在盘底，放上步骤14的龙虾壳，再摆上龙虾肉。

15 将步骤12的材料用笊篱将汤汁分离出来备用，剩余的材料放入浅盘中，用杵将其捣烂，放回步骤12的锅中，继续煮5分钟。

20 制作炒菌类。将牛肝菌和灰喇叭菌在水中浸泡约30分钟，取出挤干水分。泡发水备用。

25 避开龙虾头、尾，将步骤17的酱汁浇遍龙虾肉。再摆上步骤23的煎菌类，装饰上百里香。

法式甜点，餐后悠享！

法国人的餐桌上总少不了供人们餐后享用的美食

法式甜点
entremets de pâtisserie

指用面粉做成的点心，
一般使用蓬松的面皮，
混合了黄油的饼干，以
及派皮或蛋挞皮。

代表甜点

奶油泡芙、水果挞、黄
油饼干、曲奇等

厨师甜点
entremets de cuisine

"cuisine" 有 "料理"
之意。这不是蛋糕师，
而是厨师在厨房制作的。

代表甜点

布丁、果冻、巴伐露、
可丽饼、舒芙蕾等

冰镇甜点
entremets glacé

将材料冷冻后制作而成
的点心。主要有将牛奶、
冰激凌搅拌、冷冻后做
成的冰激凌、冰镇舒芙
蕾等。

代表甜点

冰冻果子露、冰淇淋、
水果冻、冰镇舒芙蕾
等

水果、果泥
fruit frais,compote

以水果为主角的甜品，
包括水果盘，以及在糖
水中煮过的水果。

代表甜点

水果盘、糖渍苹果

法式餐后甜点

　　您在法国餐厅中所点的套餐中，还包括餐后奶酪、水果及点心。所有这些在餐后享用的食物，在法
语中统称 "dessert"。我们所熟知的 "dessert" 指的是点心，但它其实是从 "desservir"（撤去餐具）
一词派生出来的。

　　在法语中，"entremets" 专指甜点，包括蛋糕和烤制的点心。法国的点心店令人眼花缭乱，甜点的
种类也数不胜数——甜点师制作的法式甜点 (entremets de patisserie)、厨师制作的厨师甜点 (entremets
de cuisine)、专指冰镇甜点的entremets glace……

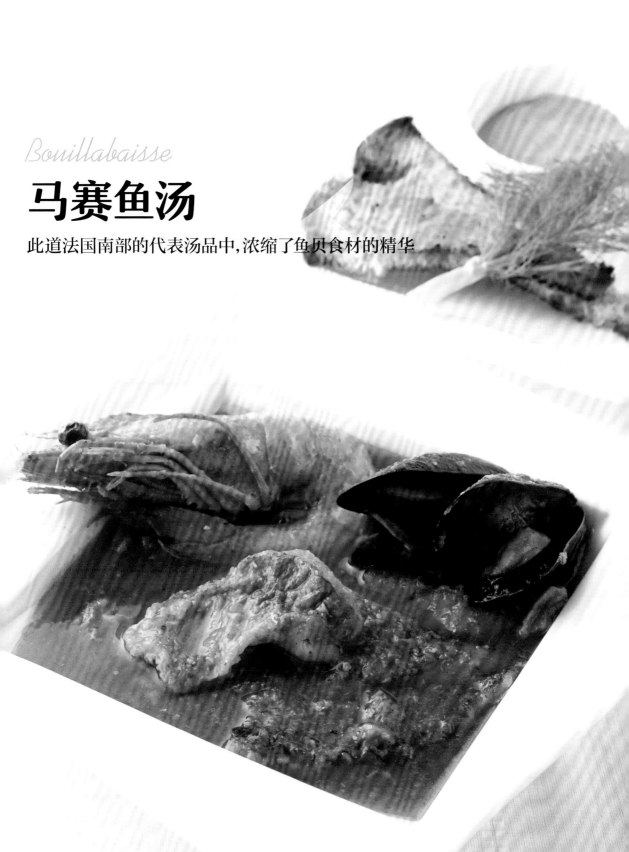

Bouillabaisse

马赛鱼汤

此道法国南部的代表汤品中, 浓缩了鱼贝食材的精华

材料（2人份）

全虾……2只（60克）
贻贝（小）……6个（180克）
石鲈（小）……1条（180克）
平鲉（小）……1条（150克）
鲷鱼（小）……1条（150克）
大蒜……1瓣
洋葱……1/2个（100克）
胡萝卜……30克
茴香……30克
大葱……30克
番茄（大）……1个（200克）
番茄酱……4小勺
鱼高汤（参考第192页）……
400毫升
肉汤（参考第78页）……400毫升
茴香酒……4小勺
白葡萄酒……80毫升
百里香叶……2根份
月桂叶……1片
藏红花……1/3小勺
橄榄油……5大勺
黄油……10克
盐、胡椒……适量

胡椒味大蒜酱的材料

土豆……30克
红甜椒……15克

A
⎡ 大蒜……少许
  马赛鱼汤……从上述材料中
  取50毫升
⎣ 卡宴辣椒……少许
特级初榨橄榄油……4小勺
盐、胡椒……各适量

蒜香吐司的材料

大蒜……1/2瓣
法国乡村面包……1片
橄榄油……1小勺

摆盘装饰的材料

茴香叶……适量

要点

**撇净汤面的浮沫之后
再放入藏红花**

烹调时间	难度
150分钟	★★★

01 处理鱼。平鲉刮去鳞，刀从鱼鳃盖后侧斜切而入。翻面后也同样操作，切下鱼头。

06 刷净贻贝壳表面的污物，用叉子拔除足丝。

02 切开鱼腹，取出内脏。刀从取出内脏的位置伸入，沿着脊骨直切至鱼尾附近。

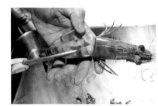

07 用竹签挑去虾背上的虾线，用剪刀剪去虾尾、虾足、虾须，切开虾背。

03 将鱼倒转一个方向，刀从鱼背一侧伸入。伸入鱼腹的刀与鱼尾垂直，沿着脊骨将鱼肉切下。翻面后同样操作，将另一面的鱼肉也切下。

08 将1根百里香叶，2小撮盐，少许胡椒撒在平鲉，石鲈，小鲷鱼上，并将1大勺橄榄油均匀抹在鱼肉上，放入冰箱静置15分钟。

04 用削皮器（参考第222页）或刀挖出鱼眼睛。刀从鱼嘴伸入，切下鱼头，展开切口，将整条鱼对半切下。

09 藏红花在锅中干煎后，用手指捻碎。①锅底变热之后即从灶上取下，静置片刻后捻碎。

05 剔除残留在鱼肉中的鱼刺，将两块鱼肉各切成两片。鱼脊骨和鱼头泡入冰水中。石鲈和鲷鱼也用相同方法处理。

10 洋葱、大蒜、茴香、大葱分别切成厚3毫米的薄片。番茄去籽和蒂并切块。

11 平底锅中加热 5 克黄油，放入 2 大勺橄榄油，剥皮、压扁后的大蒜并加热，放入步骤 10 中除番茄外的其他材料并翻炒。

16 用笊篱或蔬菜过滤器（第 13 页）来过滤汤汁。如果使用蔬菜过滤器，须取出坚硬的鱼骨。

21 制作胡椒味大蒜酱。将煮熟、剥皮的土豆，煮过的红甜椒，材料 A 放入搅拌机搅拌均匀，然后调入 1 小撮盐、少许胡椒。

12 待炒出蔬菜中的甜味之后改大火。捞出步骤 05 的鱼骨，沥干水分，切成段放入锅中，炒出香味。

17 从冰箱中取出步骤 08 的石鲈、平鲉、小鲷鱼，用厨房纸巾轻轻按压鱼肉以吸去水分。最后将鱼肉裹上低筋面粉。

22 制作蒜香吐司。将法国乡村面包切成三角形，将拌有蒜泥的橄榄油抹在表面上，放入烤面包机中烤制 2 ~ 3 分钟。

13 待锅中水分炒干之后，倒入茴香酒、白葡萄酒，用锅铲将锅底的材料翻上来。最后倒入肉汤和鱼高汤，搅拌均匀。

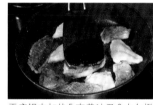

18 平底锅中加热 5 克黄油及 2 大勺橄榄油，将步骤 17 的鱼肉皮朝下放入锅中，煎至表面褐色时改小火，翻面将另一面迅速煎一下。

23 将步骤 20 的鱼汤盛盘。取另一个盘子，摆放步骤 21 的酱汁、步骤 22 的蒜香吐司，最后装饰以茴香叶。

14 放入步骤 10 的番茄和番茄酱，百里香叶及月桂叶。

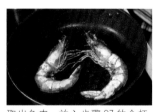

19 取出鱼肉，放入步骤 07 的全虾，待其一变色即改大火翻炒。

✗ 错误

藏红花消失了

如果在撇去汤面浮沫之前即撒入藏红花，就会混在浮沫中被舀掉。而且，藏红花必须捻碎后再撒入，否则其香味和味道无法充分释放。

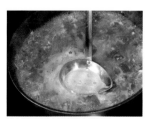

撇去汤面浮沫之后再撒入藏红花。

15 待汤汁沸腾之后，撇去汤面的浮沫。在步骤 09 的锅中放入少量步骤 14 的材料并搅拌均匀。倒入步骤 14 的平底锅，开小火煮约 20 分钟。

20 将步骤 16 中滤出的贻贝，步骤 18 的石鲈、平鲉、小鲷鱼放入锅中加热。待贻贝壳打开时，撒入盐、胡椒以调味。

烹制法国料理的诀窍与要点 ④

普罗旺斯-阿尔卑斯-蓝色海岸大区的特色

位于法国南部地中海沿岸，冬天气候宜人的休闲度假胜地

地方特色料理

地图标注：阿尔卑斯大区、加普、奥朗日、普罗旺斯大区、阿维尼翁、塔拉斯空、阿尔勒、尼斯、芒通、摩纳哥、戛纳、蓝色海岸大区、马赛、埃克斯丘、土伦、圣特罗佩

尼斯风味沙拉

在番茄、生蔬菜中加入橄榄油、煮鸡蛋、鳀鱼，浇上沙拉汁做成的沙拉。

位于法国东南部，与意大利接壤，沿岸地区一年四季都是温暖的地中海气候。

鹰嘴豆烤饼

在鹰嘴豆中拌入橄榄油，放在巨大的铁板上烤制而成。可以直接食用，也可以搭配其他料理食用。

←鹰嘴豆烤饼上放的是鳀鱼（→第112页）

法国经济中心马赛沿岸的风景。

尼斯的市场是各种食材的集大成者

在市场上可以买到法国料理中绝不可少的大蒜、番茄、橄榄油。混合了各种香料的混合调味料、普罗旺斯香料等，也都是此地的特色食材。

大蒜

橄榄油

番茄

调味料

魅力无限的观光胜地，艺术和历史的荟萃地

　　普罗旺斯-阿尔卑斯-蓝色海岸大区年日照时间长达2500小时，终年气候温暖。被称为"蔚蓝海岸"的沿海地带，以及尼斯、戛纳等地，都是闻名遐迩的休闲度假胜地，吸引着全球各地的观光客。

　　这一大区的料理有别于一般意义上的法国料理，很少使用鲜奶油、黄油，而是更多使用橄榄油、大蒜和香草。尤其是该大区的南部，得益于其温暖的气候，盛产番茄、茄子、西葫芦、红甜椒等色彩鲜艳的蔬菜。此外，使用地中海捕获的新鲜鱼类烹制的马赛鱼汤，也是当地非常著名的料理。

　　大蒜风味浓郁的蒜泥蛋黄酱（以橄榄油调制蛋黄酱而成）、胡椒味大蒜酱（辣味酱汁）等，也是当地人们喜欢用来搭配料理的酱汁。

第 5 章

汤

Potée à la Lorraine

洛林风味蔬菜烧肉汤
这是一道用猪肉烧出的法国乡村料理

材料 (2人份)

腌猪肉……140克	月桂叶……1片
白扁豆……20克	丁香……1根
韭葱 (或大葱) (小) ……1/4根 (100克)	粗盐 (或精盐) ……少许
圆白菜……150克	胡椒……适量
胡萝卜……1/4根 (40克)	**腌猪肉的材料**
洋葱……70克	五花肉块……500克
芜菁 (小) ……1个 (70克)	百里香……1根
豌豆荚……6根 (30克)	月桂叶……2片
鸿禧菇……15克	杜松子……2粒
杏鲍菇……1根 (30克)	迷迭香……1/4根
肉汤 (参考第78页) ……800毫升	黑胡椒粒……少许
百里香……1根	盐……适量

要点
腌肉所用的浅盘,
其铁网须略加倾斜

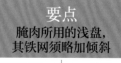

烹调时间	难度
*90*分钟	★★★

01 将白扁豆在约 5 倍的水中浸泡一晚。

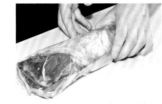

06 将步骤 05 的五花肉装入塑料袋，放入冰箱，继续静置 4 天。

11 锅中放入部分腌好的五花肉、肉汤、撕碎的百里香、月桂叶、粗盐及少量胡椒，盖上锅盖，用小火煮约 1 个小时。

02 腌猪肉、百里香、月桂叶、迷迭香撕碎，杜松子用刀剁碎，黑胡椒粒在锅底捣碎。

07 大葱对半竖切，在水中洗净，然后切成宽 5 厘米的大葱块。⑧大葱叶间的砂土须彻底洗净。

12 将白扁豆、胡萝卜、洋葱、大葱放入锅中煮 20 分钟，然后再依次放入圆白菜、芜菁、杏鲍菇、鸿禧菇、豌豆。

03 将五花肉放在浅盘中，用金属签在其表面扎出无数的细眼。⑧可以戴手套操作，以防打滑。

08 切去圆白菜芯，再切成 5 厘米宽。

13 待蔬菜煮软之后取出五花肉，切成厚 1 厘米的肉片。将蔬菜盛盘，放上肉片，浇上汤汁。

04 将步骤 02 的杜松子、百里香、月桂叶、迷迭香、黑胡椒碎，2 小勺盐均匀地抹遍五花肉。

09 胡萝卜切成 4 块并磨圆，芜菁切瓣，杏鲍菇对半切，鸿禧菇掰小朵，豌豆荚掐去筋。

✕ **错误**

蔬菜煮化了

如果下锅的顺序错误，蔬菜就可能被煮化。必须先将耐煮的白扁豆、洋葱、大葱入锅，再依次放入圆白菜、芜菁、菌菇。

05 将浅盘上的铁网略加倾斜，用来放置五花肉，以便从肉中析出的水分流下。五花肉放入冰箱中静置 3 天。

10 洋葱切瓣，插入丁香。⑧插入丁香，以便取出。

蔬菜吸光了汤汁，被煮化了。

Consommé aux quenelles de poulet

牛肉清汤炖鸡肉丸

清汤必须清澈见底

材料 (4人份)

牛瘦肉 (牛腿肉) ……200克	粗盐 (或精盐) ……1撮
洋葱……60克	胡椒……少许
胡萝卜……30克	**鸡肉丸的材料**
芹菜……20克	鸡胸肉 (去皮) ……100克
蛋清……2个	蛋清……10克
肉汤 (参考第78页) ……900毫升	鲜奶油……50毫升
欧芹茎……1根	盐,胡椒……各适量
百里香……1根	**汤料的材料**
月桂叶……1片	胡萝卜……10克
番茄酱……3大勺	扁豆……10克
雪莉酒……适量	盐……适量

要点

鸡肉丸不可
搅拌过度

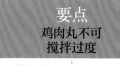

烹调时间	难度
120分钟	★★★

01 将牛腿肉切成 5 毫米的小块。洋葱、胡萝卜、芹菜分别切成 1～2 毫米的小块。百里香、月桂叶、欧芹茎用手掰成 3 厘米长。

06 将厨房纸巾浸入步骤 05 中滤过的清汤中，将表面的浮油吸去。

11 用两个汤匙将鸡肉泥做成鸡肉丸（橄榄球状）。

02 锅中放入牛肉、蔬菜、百里香、月桂叶、欧芹茎、粗盐、胡椒、番茄酱、蛋清，用手搅拌均匀。

07 在步骤 05 的锅中倒入刚好没过材料的水并加热。待沸腾之后，改小火煮约 15 分钟。

12 将步骤 08 的材料放入锅中，加热至 75℃，再放入步骤 11 的鸡肉丸，煮约 3 分钟。

03 待所有材料都均匀裹上蛋清之后倒入肉汤，并用木勺一边搅拌一边用大火加热。当温度达到 75℃ 时即可停止搅拌。

08 在笊篱或滤勺中铺一张厨房纸巾，将步骤 07 的汤汁慢慢过滤。

13 制作汤料。扁豆掐去筋，胡萝卜削皮并切成 5 毫米的小块。

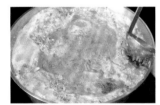

04 在表面凝固了的蛋清上用汤勺戳出几个洞，改小火加热。保持轻微沸腾的状态，煮约 1 个小时。

09 制作鸡肉丸。鸡胸肉剔去筋，切成 2 厘米的鸡肉块，放入食物处理机中搅拌。

14 将扁豆和胡萝卜放入含 1% 盐分的热水中煮。扁豆煮 3～4 分钟，胡萝卜煮 5～6 分钟。

05 在笊篱或滤勺上铺一张厨房纸巾，慢慢地将步骤 04 的汤汁倒入其中。①过滤时将锅略略倾斜，用汤勺撇出表面的清汤。

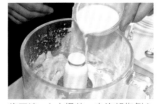

10 将蛋清、1 小撮盐、少许胡椒倒入并搅拌。再分 2～3 次将鲜奶油倒入，每倒入一次都搅拌一下。

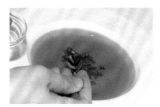

15 将重新加热过的步骤 06 的清汤、步骤 14 的扁豆和胡萝卜、步骤 12 的鸡肉丸，放入汤中。最后，根据个人的喜好倒入适量雪莉酒。

Soupe à l'oignon gratiné

焗洋葱汤

洋葱的甘甜和清香是此道料理的灵魂

材料 (4人份)

洋葱 (中) ·····3个 (600克)

大蒜·····1/2瓣

肉汤 (参考第78页) ·····700毫升

色拉油·····2大勺

盐,胡椒·····各适量

蒜香吐司的材料

法棍面包片·····8片

大蒜·····1瓣

色拉油·····少许

格吕耶尔奶酪·····70克

摆盘装饰的材料

欧芹·····适量

要点
洋葱须炒出糖色

烹调时间	难度
*60*分钟	★★★

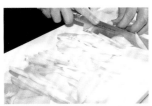

01 洋葱剥皮,对半竖切,再切成厚2～3毫米的薄片。⚠顺着洋葱的纤维平行切的话,即便长时间炖煮也不会煮烂。

06 待水分炒干,洋葱炒出糖色之后,改中火并加入少量水。⚠要将锅底部分翻上来,将整锅洋葱翻炒均匀。

11 在一个耐热容器中倒入步骤08的汤汁,再盖上步骤10的烤面包片。

02 用奶酪擦丝器将格吕耶尔奶酪擦成丝。

07 倒入肉汤,煮约15分钟。调入少许盐、胡椒。⚠味道不可调得太重。

12 用步骤02的吕耶尔奶酪盖在烤面包片上。

03 大蒜剥皮,去芯,切碎。

08 待汤汁沸腾之后,撇去汤面浮沫,将汤汁煮至洋葱面略高于汤面即可。如果此时感觉稍淡,可以再调入少许盐、胡椒。

13 送入预热250℃的烤箱中烤制约10分钟,将表面烤出褐色后取出,撒上欧芹以装饰。

04 在平底锅中加热色拉油,放入洋葱,用大火翻炒。洋葱炒软后放入大蒜。

09 制作蒜香吐司。大蒜剥皮,将其竖起,在顶端将其切开,并在切面多划几道,以便蒜汁更易流出。

✖ 错误

洋葱没有炒出糖色

只有将洋葱炒干水分,才会炒出糖色。水量太大,不仅无法炒出糖色,也无法充分炒出洋葱中的甜味。因此必须一边观察水量一边加水。

05 待底部的洋葱炒出褐色之后放入水,用锅铲将锅底的洋葱翻上来。不时加水,将整锅洋葱全部炒出褐色。

10 将法棍面包切成厚8毫米的面包片,放进烤面包机烤制2～3分钟,将步骤09的大蒜在面包片上来回擦,将大蒜汁抹在表面,再涂上色拉油,继续烤制2～3分钟。

水量太大,洋葱无法炒出糖色。

Soupe de poisson

法式鱼汤
起源于普罗旺斯的家常版马赛鱼汤

材料 (2人份)

小鲷鱼·····1条 (180克)

黑鲷(或金线鱼,石鲈) ·····1条(180克)

鲽鱼·····1条 (180克)

洋葱·····150克

大葱·····1/2根 (50克)

番茄·····1个 (150克)

茴香 (或芹菜) ·····50克

鱼高汤 (参考第192页) ·····800毫升

白葡萄酒·····100毫升

茴香籽·····1小勺

橄榄油·····1大勺

盐,胡椒·····各适量

胡椒味大蒜酱的材料

红甜椒·····15克

土豆·····1/3个 (50克)

大蒜切碎·····少许

鱼汤·····从做好的鱼高汤中取80毫升

卡宴辣椒·····少许

特级初榨橄榄油·····4小勺

盐,胡椒·····各适量

蒜香吐司的材料

法棍面包·····8片

大蒜·····1瓣

配菜的材料

格吕耶尔奶酪,莳萝·····适量

要点
鱼肉须一起过滤

烹调时间	难度
60分钟	★★★

01 洋葱、大葱、茴香切碎，番茄去蒂、在热水中浸泡，剥皮，去籽后切成小块。

02 刮去黑鲷、鲽鱼、小鲷鱼的鱼鳞。

03 从鱼肛门位置向鱼头方向切开鱼腹，取出内脏。用削皮器（第222页）或刀挖出鱼眼睛。

04 在冰水中洗净鱼泡，擦干。用刀将鱼切成大块。

05 平底锅中加热橄榄油，放入步骤01的洋葱、大葱、茴香并翻炒。

06 待蔬菜炒软之后，放入步骤04的鱼块及茴香籽，用大火炒至水分蒸发。

07 炒7～8分钟至鱼肉被炒碎，倒入白葡萄酒，用锅铲将粘在锅底的精华翻上来。

08 倒入鱼高汤，放入步骤01的番茄，改小火煮约15分钟。⑬待汤汁沸腾后，须撇去汤面的浮沫。

09 将步骤08的材料再次放入蔬菜研磨器或笊篱中过滤。

10 过滤好的材料倒入锅中，调入盐和胡椒。⑬凉掉的鱼汤会有腥味，因此需要重新加热一下。

11 制作胡椒味大蒜酱。将切成适当大小的红甜椒和土豆煮熟，剥皮。放入搅拌机，放入步骤10鱼汤中的80毫升搅拌。

12 放入卡宴辣椒、大蒜、特级初榨橄榄油并搅碎。再加入1小撮盐，少许胡椒。

13 制作蒜香吐司。将法棍面包切成厚8毫米的薄片。

14 将面包片放入烤面包机中烤出褐色，将大蒜汁或蒜油抹在表面，再放入烤面包机中烤2～3分钟。

15 将鱼汤盛在盘中。将格吕耶尔奶酪丝、步骤12的胡椒味大蒜酱、步骤14的蒜香吐司和莳萝摆放在鱼汤周围。

Crème vichyssoise glacée

维希奶油浓汤

这是啫喱状清汤与奶油浓汤的冷热碰撞

材料 (2人份)

洋葱……40克
大葱……30克
土豆……100克
肉汤 (参考第78页) ……250毫升
鲜奶油……40毫升
牛奶……100毫升
雪莉酒……少许

黄油……10克
盐、胡椒……各适量
啫喱状法式清汤的材料
法式清汤 (用固体汤料制作) ……100毫升
吉利丁片……2克
摆盘装饰的材料
金箔……适量

要点
牛奶须分次加入

烹调时间	难度
70分钟	★★★

218

01 在法式清汤中加入吉利丁片。

06 待洋葱炒出香味之后，放入步骤04的土豆，将其边缘炒成透明。倒入肉汤，改小火煮约10分钟。

11 将步骤08中剩余的一半牛奶分次慢慢倒入碗中，以调节稠度。

02 将法式清汤放入锅中烧开后关火。

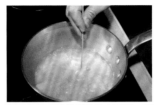

07 当用竹签可以轻松穿透土豆时，调入1小撮盐，少许胡椒并搅拌均匀。

12 待完全冷却之后，倒入雪莉酒，调入盐、胡椒。最后，倒入步骤08中剩余的鲜奶油。

03 将步骤02的清汤倒入碗中，隔着冰水冷却约1个小时。

08 将锅从灶上拿开，倒入鲜奶油和一半量的牛奶。⑪留下部分鲜奶油，以备最后装盘使用。

13 将步骤03的啫喱状清汤、步骤12的维希奶油浓汤依次倒入透明容器中，最后用金箔装饰。

04 将洋葱和大葱分别切成厚1～2毫米的薄片，土豆切成厚3～4毫米的半圆形薄片。

09 将步骤08的材料放入搅拌机搅拌。

✖ 错误

汤色变浑浊了

做好的汤颜色浑浊，究其原因是洋葱用大火炒过头了。当洋葱炒至透明的状态时倒入肉汤，汤的颜色便不会浑浊。

05 在锅中加热黄油，放入步骤04的洋葱、大葱，调入1小撮盐并翻炒。注意不可炒变色。

10 当搅拌至如上图中的状态时，倒入碗中，隔着冰水冷却。

洋葱不能炒变色。

Potage de chou-fleur et cresson

法式花椰菜水芹浓汤

黑白鱼肉卷是此道汤品的重点

材料 (2人份)

洋葱……1/4个 (50克)
花椰菜……200克
水芹……1/2把 (30克)
肉汤 (参考第78页) ……300毫升
牛奶……100毫升
鲜奶油……40毫升
黄油……15克
粗盐 (或精盐) ……1小撮
盐,胡椒……各适量

黑鲷鱼卷的材料

黑鲷 (或金线鱼、石鲈、笠子鱼、平鲉)
……1条 (180克)
切碎的水芹……1小勺
黑橄榄……5个 (15克)
醋浸刺山柑……1小勺
盐,胡椒……各适量

摆盘装饰的材料

水芹……适量

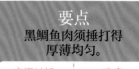

要点
黑鲷鱼肉须捶打得
厚薄均匀。

烹调时间	难度
60分钟	★★★

01 花椰菜切成小朵，在水中洗净、沥干水分。洋葱切薄片，水芹切大块。

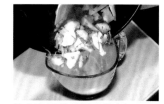

06 将步骤 05 的材料稍微冷却之后，与牛奶、鲜奶油一起放入搅拌机中搅拌，调入盐、胡椒。

11 揭开保鲜膜，将步骤 08 的材料抹在鱼肉上，四周留出 1 厘米的边。然后将鱼肉卷成细长的鱼肉卷。

02 平底锅中加热黄油，放入洋葱、1 小撮盐，仔细翻炒。⊕加盐是为了尽快炒出洋葱中的水分。

07 在盛盘之前，将步骤 06 的材料倒入锅中，加热至临近沸腾的状态。

12 卷好之后，用刮片将鱼肉与保鲜膜之间的空气挤出，将两端扭紧。

03 待炒出洋葱中的甜味之后，放入花椰菜，轻轻翻炒。放入肉汤、粗盐、少许胡椒，改小火煮约 15 分钟。

08 制作鱼卷。将黑橄榄、刺山柑、水芹切碎并搅拌。

13 锅中倒入水并加热。待水温升高至 75℃ 时，放入步骤 12 的鱼卷煮约 5 分钟。将锅从火上拿开，保温片刻。

04 待蔬菜炒软之后，取出 4 小朵花椰菜留作汤料。

09 黑鲷刮去鳞，取出内脏，切成 3 部分。将鱼肉放在保鲜膜上，撒上 1 小撮盐、少许胡椒。

14 将鱼卷从锅中取出，擦干水。包着保鲜膜将其切成 2 等分，再斜切成 4 等分。最后取下保鲜膜。

05 放入步骤 01 的水芹并搅拌。⊕加入水芹之后必须尽快操作，否则煮的时间太长会导致其变色。

10 用另一张保鲜膜覆住鱼肉，肉锤用水浸湿后敲打鱼肉，将其打得厚薄均匀。

15 将步骤 07 加热过的蔬菜浓汤倒入盘中，将步骤 14 中的 2 段鱼卷、步骤 04 中取出的花椰菜摆在正中，用水芹装饰。

法国料理用语

A.O.C.
Appellation Origin Controlee（法国原产地命名）的缩写，是法国地方特产的品质保证制度。只有生产地、生产方法等若干生产条件均符合该制度规定的产品，方能或此称号。

agrumes
指带有柑橘气味的马鞭草（→第76页）等。

anis
一种香辛料，是伞形科植物的种子，也称茴香籽。可以酿制茴香酒。

appareil
用牛奶和鸡蛋等食材混合搅拌而成的液体。在法国料理中多指用来制作水果挞、乳蛋饼的蛋奶液。

Harissa
哈里萨辣酱，用辣椒捣成的泥状调味料，味道辛辣。

vider
指处理鱼肉或鸡肉时的一道工序，即取出它们的内脏。也可以用来指挖出蔬菜芯或面包芯。

économe
削皮器。其尖部可以用来切除蔬果的芯，也可以用来挖鱼眼睛。

étuver
盖上锅盖，利用材料本身的水分将其焖熟。

câpre
生长在地中海沿岸的刺山柑，其花蕾可以用来醋浸或盐浸，作为调味料使用。

quatre-épices
指用丁香、肉桂、肉豆蔻、白胡椒等混合而成的香料。

garniture
主菜的配菜，也可以指饼馅，或浮在汤品表面的配菜。

cuire
在烤箱或炉灶上烹调料理。

cuisson
汤汁。

couscous
蒸粗麦粉。将小麦搓成1毫米大的颗粒。粗麦粉原是北非的食材，蒸熟之后可以搭配肉、蔬菜、酸辣汤食用。

glace de viande
将小牛高汤用小火慢炖而成的浓缩肉汁，用于为酱汁增添更多风味。

coriandre
芫荽、香菜、香草等伞形科植物的种子，一般作为香辛料，为肉类料理或法式泡菜调味。

Cointreau
利用柑橘类水果皮酿制的君度酒，是一种无色、透明的橙味利口酒。

choucroute
利用圆白菜腌渍、发酵而成的酸菜。法国阿尔萨斯大区的特色料理——酸菜什锦香肠熏肉（→第113页）中，便使用了该食材。

chinois
金属漏勺，呈圆锥形，用于过滤汤汁和酱汁。

suer
以小火将蔬菜炒软，其间应避免将其炒焦。

jus
用蔬果榨成的汁液。也可指烹煮食材时从其中渗出的汁液。

saisir
指用旺火快速煎、炸食材。

dégorger

将鱼骨或内脏浸入冷水或冰水中，漂净血污。

tourner

将表面削得圆润，或刻出装饰性花纹。从蘑菇顶部的中央开始，向四周放射状刻出螺旋形花纹，也称为"tourner"（→第154页）。

passer

用过滤器过滤，也指将粉末过筛。

pain de campagne

法国乡村面包，是添加了黑麦的法国本土面包，可以当做配菜食用。

farce

馅料。填入掏空的鸡肚或蔬菜中烹制。

bouquet garni

用百里香、月桂叶、欧芹等混合而成的香料包。将其放在高汤、酱汁或炖煮料理中增添香味。

bourguignon

勃艮第风味。用来特指勃艮第地区的人们所食用的食物。

beurre clarifié

澄清黄油，指黄油加热融化后，漂浮在其表面澄清的部分。

beurre noisette

焦化黄油。指加热至变为茶色的黄油。

fenouil

茴香。伞形科植物，是一种适合烹制鱼贝类料理的香草。

blanc

白色。Vin blanc即指白葡萄酒。

flamber

在料理中添加酒精，使之燃烧产生香味。

mijoter

以文火烧、炖、煮食材。

mignonnette

指碾成碎屑状的胡椒。同时也可以用来指细碎的物体。

mélanger

混合。

monter

将黄油混入做好的酱汁以调味，使之更加顺滑。

monder

将番茄或杏仁用热水汆烫之后泡入冷水，片刻之后剥去外皮。

rafraîchir

将食材浸泡在冷水或冰水中。

ramollir

将食材煮软。

riz sauvage

菰米。禾本科植物的种子，呈黑色长条状。

rouge

红色。vin rouge即红葡萄酒。

refroidir

将食材在常温下或放入冰箱中冷却。

raidir

煎烤肉类，使其表面变硬。

réduire

将酱汁或高汤文火慢炖，以煮出其中的精华。

图书在版编目（CIP）数据

法国经典料理轻松做：厨房里的美味"法则"／（日）川上文代著；方宓译 . —武汉：华中科技大学出版社，2019.8
ISBN 978-7-5680-5321-1

Ⅰ.①法… Ⅱ.①川… ②方… Ⅲ.①西式菜肴－烹饪－法国 Ⅳ.①TS972.118

中国版本图书馆CIP数据核字（2019）第114909号

简体中文版由日本新星出版社授权华中科技大学出版社有限责任公司在中华人民共和国境内（但不含香港特别行政区、澳门特别行政区和台湾地区）出版、发行。
湖北省版权局著作权合同登记　图字：17-2019-017号

法国经典料理轻松做：厨房里的美味"法则"　　　　　[日] 川上文代　著
Faguo Jingdian Liaoli Qingsong Zuo Chufang li de Meiwei Faze　　方宓　译

出版发行：华中科技大学出版社（中国·武汉）　　　电话：(027) 81321913
　　　　　北京有书至美文化传媒有限公司　　　　　　 (010) 67326910-6023
出 版 人：阮海洪

责任编辑：莽　昱　康　晨
责任监印：徐　露　郑红红　　封面设计：秋　鸿

制　　作：北京博逸文化传播有限公司
印　　刷：艺堂印刷（天津）有限公司
开　　本：787mm×1092mm　　1/16
印　　张：14
字　　数：107千字
版　　次：2019年8月第1版第1次印刷
定　　价：98.00元